BIBLIOTHÈQUE
DES MERVEILLES

PUBLIÉE SOUS LA DIRECTION
DE M. ÉDOUARD CHARTON

LA VAPEUR

BIBLIOTHÈQUE DES MERVEILLES

LA VAPEUR

PAR

AMÉDÉE GUILLEMIN

DEUXIÈME ÉDITION

OUVRAGE ILLUSTRÉ DE 113 VIGNETTES

PAR L. BONNAFOUX ET A. JAHANDIER

PARIS

LIBRAIRIE HACHETTE ET Cie

79, BOULEVARD SAINT-GERMAIN, 79

1876

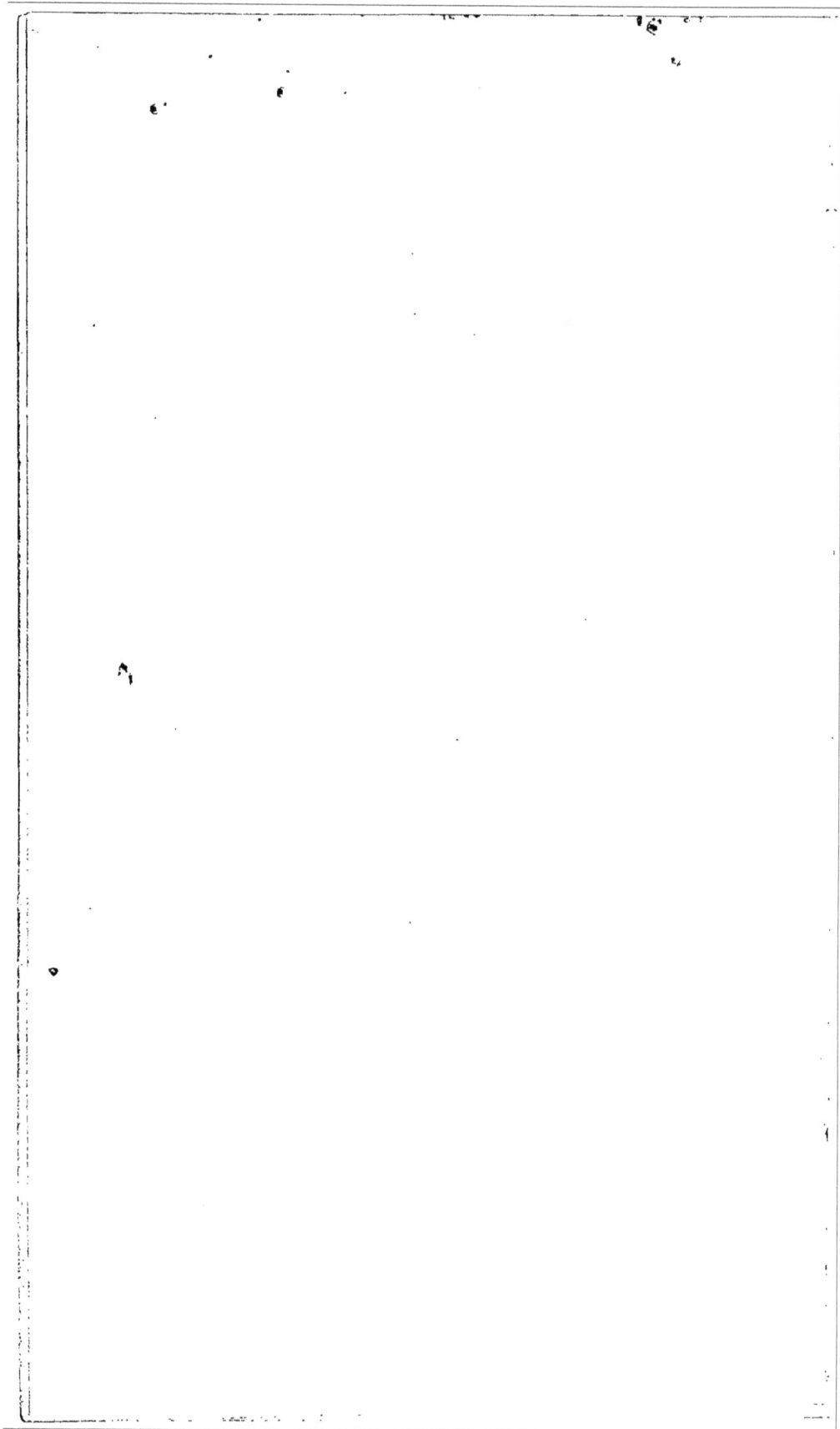

LA VAPEUR

INTRODUCTION

I

J'imagine un ancien, un Athénien contemporain
de Périclès, un de ces disciples des philosophes
grecs, à l'intelligence si subtile, si ouverte aux
choses de l'art, de la science et dé la pensée, trans-
porté tout à coup sans aucune transition dans
notre monde moderne.

Que dirait-il, et surtout que penserait-il, je ne
dirai pas à la vue de nos monuments, de nos ta-
bleaux, de nos statues, mais en parcourant nos
usines, en voyageant sur nos chemins de fer, sur
nos bateaux à vapeur? Dans quelle stupéfaction
le plongerait le mouvement vertigineux d'un train
lancé à toute vitesse, entraîné par une force invisible, cachée dans les flancs d'une masse de fer
et ne se manifestant à la vue que par le feu et la
fumée! Il comparerait sans doute ce mouvement
rapide de vingt lourdes voitures, à l'allure gra-
cieuse des chars qui se disputaient le prix de la

course sur le sable de l'Hippodrome; et l'avantage, au point de vue artistique, ne serait pas pour nos caisses disgracieuses, nos wagons et nos machines. Mais quelle idée ne prendrait-il point de la puissance des engins modernes, et combien sa curiosité ne serait-elle pas éveillée, quand il reconnaîtrait qu'aucun moteur animé, ni la force de l'homme ni celle des animaux, que ni l'eau ni le vent ne sont les causes qui font mouvoir cet immense convoi, ou ce gigantesque navire marchant contre vents et marées, pas plus que cette multitude de rouages, d'outils, de métiers en activité dans nos usines?

Au spectacle de tant de merveilles, un homme du moyen âge eût crié à la magie, et la machine à vapeur eût été pour lui l'œuvre du démon. Mais notre Athénien, curieux comme ses contemporains, l'esprit habitué à l'analyse et dégagé de tout mysticisme, une fois passé le premier mouvement d'étonnement et d'admiration, n'aurait qu'un désir, celui d'approfondir le mystère. Il voudrait savoir le pourquoi et le comment de tout ce qu'il voit d'étrange dans les inventions mécaniques ou industrielles de notre époque, et avec ses connaissances en mathématique et son habitude de raisonner, soyez sûr qu'il y parviendrait rapidement.

Alors, ravi d'apprendre que tant de puissance, tant de mouvements rapides ou lents, mais toujours mesurés et précis, ont pour principe une cause si simple, la force de la chaleur ou du feu, il admirerait le génie de la science moderne qui a su maîtriser l'agent de destruction le plus terrible, le feu, pour en faire l'exécuteur docile de la productivité

humaine. A l'esclave, chargé, dans ces brillantes
civilisations de la Grèce et de Rome, de tous les
travaux grossiers, il verrait substituée la machine, et, parmi toutes les machines, la plus puissante de toutes en même temps que la plus obéis-
sante, la machine à vapeur.

Mais à quoi bon, pour exprimer tout ce qu'il y a
de véritablement admirable dans cette invention
de la vapeur, invoquer les esprits d'il y a deux
mille ans ? Deux siècles ne sont point encore écoulés, depuis que Papin en a conçu la première idée ;
et si madame de Sévigné avait pu dormir tout ce
temps dans le château de sa fille à Grignan, puis,
à son réveil, au reçu de Paris d'une dépêche datée
du matin même, prendre un train express qui la
ramenât en douze heures à l'hôtel Carnavalet, je
crois bien qu'elle eût épuisé toutes les épithètes
de sa fameuse lettre [1] sans pouvoir rendre toute
sa stupéfaction.

Pourquoi donc, nous autres, contemporains de
tant d'applications étonnantes du progrès scienti-
fique, restons-nous généralement froids devant
elles ? Nous prenons le chemin de fer, nous mon-
tons en bateau à vapeur, nous entrons dans un
bureau télégraphique, sans trop nous soucier de
la façon dont fonctionnent tant d'agents à notre
service. L'habitude nous a blasés sur toutes ces
choses qui eussent fait l'admiration de nos anciens, et, par une singularité qui semble contra-
dictoire, elle nous a rendus en quelque sorte scep-
tiques et crédules à la fois. Nous avons vu se

1. Lettre à M. de Coulanges, du 15 décembre 1670, sur le ma-
riage projeté de Lauzun avec Mademoiselle.

réaliser tant de projets qui paraissaient chiméri-
ques, que nous sommes disposés à accepter sans
examen ceux mêmes dont l'impossibilité est, pour
ainsi dire, mathématiquement démontrée ; c'est
au point que je ne serais pas étonné qu'un voyage
à la lune, en ballon ou de toute autre façon, trou-
vât des partisans. D'autre part, le premier enthousiasme refroidi, et sitôt qu'une invention nouvelle
est décidément acquise, nous l'oublions, ou, ce
qui revient au même, nous ne nous en occupons
plus. Qui songe aujourd'hui à se rendre compte du
mécanisme et du principe physique de la machine
à vapeur, de la locomotive ? Les hommes de l'art,
oui, mécaniciens et ingénieurs, et puis à peu près
personne.

C'est notre ignorance qui fait notre indifférence :
cela n'est pas douteux. Comment vaincre l'une et
détruire l'autre ? En essayant, comme l'auteur de
ce livre s'efforcera de le faire pour la vapeur, de
montrer l'importance de l'invention, au point de
vue du progrès économique, industriel et social ;
en exposant, avec toute la clarté dont il est capable, les phénomènes physiques qui renferment
le principe des machines à vapeur ; en élaguant,
sans rien négliger d'essentiel dans la description
de la machine même et de ses variétés, toutes les
broussailles trop techniques qui n'ont d'intérêt
que pour les gens du métier.

II

Reportons-nous au siècle qui a précédé immédiatement l'invention de la machine à vapeur, c'est-à-dire au dix-septième.

Quels étaient alors les moteurs employés dans l'industrie, dans les transports par terre ou par eau?

Il y avait les moteurs animés, c'est-à-dire la force musculaire des animaux et des hommes. Il y avait aussi les moteurs inanimés, empruntés aux corps bruts; ceux-là se résumaient dans la force de la pesanteur, utilisée sous deux formes distinctes, les chutes et courants d'eau, le vent.

Pour une foule de travaux, la force musculaire de l'homme est encore employée sans doute; elle le sera longtemps encore, sinon toujours; mais l'emploi des machines la rend moins pénible, moins brutale, et l'intelligence s'y trouve de plus en plus associée. Le temps est loin et se mesure par des siècles, où il fallait employer des centaines de milliers d'ouvriers et vingt années pour édifier l'une des grandes pyramides d'Égypte [1]. Sous Louis XIV, on dépensait encore bien des vies d'hommes dans les travaux publics, par exemple, dans la construction de ce fastueux palais de Versailles où le grand roi engloutissait en même temps des centaines de millions : mais déjà à cette époque les machines commençaient à jouer un

1. La grande pyramide a exigé, selon Pline, 370 000 ouvriers et 20 années pour sa construction.

grand rôle dans l'industrie. L'exploitation des
mines, des carrières, les terrassements, sont bien
encore aujourd'hui des travaux où la force musculaire de l'homme est employée pour ainsi dire
à l'état brut. Mais je le répète, de jour en jour,
cette force, considérée comme simple moteur, tend
à être remplacée par la machine, ou bien elle est
le moteur de l'outil que dirige l'intelligence de
l'ouvrier.

Voilà pour la force musculaire de l'homme.

Fig. 1. — Les moteurs animés. Le manége.

Un autre moteur animé, c'est la bête de somme.
Le cheval, le bœuf, le mulet — ou encore le cha-
meau, l'éléphant — étaient jadis, ils sont encore et
seront toujours de précieux auxiliaires du travail humain. Dans les opérations agricoles, dans
les charrois, les terrassements, la locomotion
sur les chemins et les routes, comment se passer
d'eux? Et de fait, plus les moteurs nouveaux se
multiplient, plus le travail demandé aux moteurs

primitifs va en croissant. Par exemple, à mesure
que le réseau des chemins de fer se développe, que
la vapeur prend possession d'une plus grande
étendue de pays, l'industrie voiturière ordinaire,
bien loin de s'éteindre, va progressant au contraire, pour satisfaire aux besoins nouveaux du
trafic. Il en est de même des canaux et des fleuves

Fig. 2. — Les moteurs animés. La diligence.

c'est ainsi qu'en France la navigation des rivières
et des canaux présente aujourd'hui un tonnage plus
élevé qu'avant l'établissement des voies ferrées.

Mais continuons notre énumération des forces
motrices telles qu'elles existaient avant l'invention de la machine à vapeur.

Nous venons de parler des moteurs animés. C'é-
taient et ce sont encore les plus coûteux, et la

raison en est simple. Ce sont des machines qui ne peuvent agir d'une façon continue. La durée de leur travail quotidien a un terme, au delà duquel leur santé est compromise, et avec leur santé la quantité de travail qu'ils sont susceptibles de fournir par la suite. Le repos, le sommeil, une nourriture convenable, sont indispensables. Si l'industriel qui les emploie est dispensé de cette préoccupation pour le manœuvre qu'il paye, il n'en est plus de même pour l'animal, qu'il est obligé de soigner et de nourrir, même quand celui-ci ne travaille point.

Il n'en est plus ainsi des autres forces motrices que l'industrie emprunte gratuitement, pour ainsi dire, à la nature, et qui sont deux modes d'action de la même force physique, la pesanteur.

L'eau qui descend les pentes et les déclivités des bassins, sous forme de ruisseaux, de rivières ou de fleuves, acquiert par son mouvement même une force vive qui est utilisée de deux manières différentes, soit en faisant porter par l'eau et entraîner avec elle des corps de densité moindre : de là le flottage, la navigation proprement dite par bateaux; soit en opposant à sa chute les palettes mobiles d'une roue qui prend ainsi un mouvement de rotation et le communique, par son axe, aux machines des moulins et usines établis dans le voisinage.

Le transport des voyageurs, des marchandises surtout, par le courant des masses liquides que la force de la pesanteur entraîne nécessairement vers les points les plus bas d'un territoire, a précédé tous les autres moyens de transport. C'était évidemment le plus économique de tous, si l'on ne considère que les frais accessoires et la main-d'œuvre ; mais, si la gravité sert de moteur pour l'aller, n'oublions pas qu'elle est un obstacle pour le retour, et que le halage par des animaux ou des hommes, ou la navigation à force de rames, s'imposait pour faire revenir les bateaux, vides ou chargés, au point de départ. En tout cas, les sécheresses, les inondations, étaient et sont encore

Fig. 3. — Les moteurs animés. Chevaux de halage.

de graves causes d'irrégularité qui rendent ces voies, d'ailleurs si précieuses, inférieures en un sens, soit aux routes de terre, soit surtout aux voies ferrées où l'action de la vapeur permet d'établir des communications régulières et continues. Et puis, pour que la navigation soit possible, le long d'un cours d'eau, il faut souvent en bien des points entreprendre des travaux onéreux, des endiguements, barrages, dragages, etc. La gratuité du moteur est loin d'être complète.

La force du vent est un autre moteur naturel et
gratuit, mais plus capricieux et plus irrégulier encore que l'écoulement des eaux. C'est surtout,
comme on sait, dans la navigation maritime que
le mouvement des masses fluides atmosphériques
est utilisé, en le faisant agir sur les voiles des navires. Grâce aux perfectionnements apportés à la
construction de la coque, aux manœuvres, au grée-

Fig. 4. — La force du vent. Le navire à voiles.

ment des navires, grâce aussi et surtout aux progrès des sciences telles que l'astronomie et la géo-
graphie, la navigation à voiles a pris une extension
immense.

Il y a eu en Europe quelques tentatives de l'application de la force du vent sur les routes de
terre : on a construit quelques voitures à voiles,

mais on a bien compris que c'était un faible auxiliaire des moteurs habituels, avec une grande
complication dans l'aménagement des voitures et
chariots. Seul, le Chinois mène, sur les routes du
Céleste-Empire, sa brouette à voiles garnie d'un
attirail d'ustensiles, peuplée de marmots, de pou-
lets, de canards ; seul, il persiste à demander à

Fig. 5. — Force du vent. La brouette chinoise.

Éole, quant il envoie un vent favorable, un soula-
gement pour ses bras ou ses reins fatigués. La
voiture ou la brouette à voile, sur les routes ou
même sur les canaux glacés de la Hollande, n'a
jamais été en Europe qu'un objet de curiosité.

Il n'en est pas de même des moulins à vent. Là,
l'utilisation de cette force naturelle s'est faite et
se fait encore sur une assez large échelle, mais
avec tous les inconvénients, aggravés peut-être,
de l'irrégularité des cours d'eau. C'est, dans cer-

tains cas, une auxiliaire utile de l'industrie; ce ne peut être un moteur sur lequel elle puisse compter, pour tous les travaux que la production et la demande croissantes ne permettent pas d'interrompre.

Fig. 6. — La force du vent. Le moulin.

III

Tout le génie des hommes qui depuis des milliers d'années se sont voués à cette œuvre obscure du perfectionnement des engins mécaniques, qui ont aidé ainsi l'humanité à s'affranchir de la tyrannie du travail exclusivement matériel, a été tourné vers une préoccupation unique dans son idée, multiple dans ses résultats : imaginer des machines susceptibles d'utiliser le plus complétement possible les forces gratuitement fournies par la nature, chutes et courants d'eau, force du vent, ainsi que les forces plus coûteuses, mais précieuses toutefois, que recèlent les muscles de l'homme et des animaux.

Le levier, le treuil, le manége, la poulie, tous les outils qu'on emploie dans mille métiers divers, sont autant de conquêtes qui, tantôt permettent de traduire les efforts du moteur sous la forme de la vitesse aux dépens du temps, tantôt font appel à ce dernier élément et négligent la vitesse pour multiplier la force.

Qui fera l'histoire de ces engins si simples, si utiles, fera l'histoire de la civilisation humaine dans ce qu'elle a, il est vrai, de plus obscur, mais aussi de plus efficace, de plus fécond, de plus bienfaisant.

Les noms des plus grands hommes, des Archimède et des Pascal, se trouveraient mêlés dans cette histoire pacifique, je ne dirai pas aux noms — ils sont restés inconnus —, mais au souvenir des inventeurs de la hache, de la scie, de la bêche, de la charrue.

La science et l'industrie se sont ainsi aidées longtemps, celle-ci fournissant à celle-là ses moyens matériels d'investigation et d'étude, la première donnant à l'autre des solutions plus précises des difficultés à vaincre. Mais c'est surtout à l'époque de la renaissance des lettres, des arts et des sciences, que cette communauté de services se développa. Depuis trois siècles, la physique expérimentale a fait en effet des pas décisifs dans l'explication et la mesure des phénomènes, et la nature a été explorée dans tous les sens.

Alors peu à peu s'est fait jour la pensée que l'homme n'avait jusqu'alors utilisé qu'à moitié les forces que le monde physique met à sa disposition, qu'il avait négligé ou méconnu la plus puissante de toutes, le feu ; en d'autres termes, la chaleur, ce principe fécond de tout mouvement et de toute vie. Du moins ne l'avait-il employée que sous sa forme directe ; ou, comme puissance mécanique, il n'avait su en tirer qu'un agent destructeur, la poudre à canon, pourvoyeur terrible de la mort et non paisible auxiliaire du travail.

Mais le moment approchait. Les progrès de la science, de la physique surtout, sous l'impulsion de Galilée, de Torricelli, de Pascal, d'Huyghens, allaient rendre possible une invention qui mettait au jour une puissance nouvelle et, qui plus est, la soumettait, docile et irrésistible à la fois, à la volonté de l'homme. Une révolution incalculable dans ses conséquences allait transformer, pour ainsi dire sans victimes, le monde de l'industrie et du travail.

En quoi consistait donc cette invention merveilleuse ?

En bien peu de chose, en apparence.

De l'eau, chauffée à un certain degré, se transforme en vapeur. C'est là un phénomène vulgaire que toute l'antiquité, que tout le moyen âge avait vu se produire quotidiennement, non dans les laboratoires des savants, mais dans les moindres ménages.

En se détendant ainsi, en changeant d'état, comme disent les physiciens, l'eau devenue vapeur, d'inerte qu'elle est à l'état liquide, acquiert tout à coup une force élastique considérable ; les molécules, à la vérité invisibles, se précipitant avec une vitesse prodigieuse et dans tous les sens, deviennent, quand on oppose un obstacle à leur mouvement, quand on les emprisonne en un vase, comme autant de projectiles qui tendent à renverser ou à briser la barrière qu'on leur oppose. Vient-on à rendre mobile une des parois du vase, la vapeur communique à cette paroi une partie de sa force vive : elle la met en mouvement.

Voilà donc bien une force nouvelle, un nouveau moteur, dont il s'agit de régler l'action, qu'il faut utiliser d'une façon avantageuse, c'est-à-dire économique et régulière.

Mais ce n'est pas dans la découverte de cette puissance que gît l'invention de la vapeur, surtout celle de la machine qui a la force élastique de la vapeur d'eau pour principe. Cette force était connue dès les temps les plus anciens, et même nous verrons plus loin comment un physicien de l'antiquité, Héron d'Alexandrie, avait essayé d'en tirer parti.

La vapeur n'est donc pas, comme l'électricité, une découverte d'un fait absolument ignoré.

C'est l'utilisation de cette force, c'est son emploi comme moteur industriel, qui est le fait capital, le fait nouveau que nous avons à étudier dans ses lois, à décrire dans ses applications si fécondes, si variées.

Mais, pour que cette utilisation devienne possi-

ble, pour que le rêve de celui qui a songé pour la
première fois à se servir de cet agent comme moteur prenne un corps, et passe du domaine du
fantastique dans le domaine du réel, il a fallu observer patiemment les effets de la vapeur, étudier
son mode de formation, les changements qu'elle
subit dans les diverses circonstances où on l'emploie, quand change le degré de chaleur auquel
elle est soumise ; dans quelle mesure croît ou diminue la pression, quand le fluide passe du vase
où il se forme dans les espaces où il agit ; il a fallu
connaître les moyens de réduire à néant cette
force, de détruire à volonté cette puissance irrésistible qui devient un danger terrible, dès qu'elle
n'est plus ni maîtrisée, ni réglée.

Tout cela est venu peu à peu. Comme toutes les
choses humaines, inventions ou institutions, qui
ont en elles le privilége de la durée, l'application
de la vapeur s'est progressivement et lentement
dégagée des tâtonnements, des essais et expériences de toute sorte. Mais il est à remarquer que ces
essais et ces expériences sont eux-mêmes venus
en leur temps, et ne pouvaient avoir de chances
de réussite que grâce aux récents progrès, à la
naissance pour ainsi dire des sciences physiques
et expérimentales. Papin et Watt sont les enfants
de Torricelli et de Galilée. La machine à vapeur
est la fille de ces deux inventions si simples et si
fécondes : celle du *baromètre* qui démontre et mesure la pression de l'atmosphère, qui compare à
cette pression les forces élastiques des gaz et des
vapeurs ; celle du *thermomètre* qui mesure les degrés de la chaleur si difficiles à apprécier, quand

ils n'ont d'autres juges que l'impression fugitive et variable de cet élément sur nos sens et nos organes. Le moyen de faire le vide, soit dans la chambre barométrique, soit dans un récipient dont l'air est extrait par une pompe, invention si précieuse d'Otto de Guericke, venait aussi d'être trouvé, quand Denis Papin, notre illustre compatriote, jeta les fondements de la plus grande révolution industrielle qu'ait vue le monde.

Mais, pour bien préciser par quelle suite d'idées ont dû passer les grands esprits qui ont eu la gloire d'attacher leur nom à la découverte de la machine à vapeur, il est indispensable d'entrer dans quelques développements.

IV

Dès 1680, Huyghens avait songé à utiliser la force expansive de la poudre à canon. Voici comment : dans un cylindre muni d'un piston mobile, il faisait détoner une certaine quantité de poudre, et la violente expansion des gaz chassait l'air contenu dans le cylindre par deux ouvertures disposées de manière à se refermer aussitôt. Le vide se faisait donc, au moins partiellement, de sorte que la pression de l'atmosphère s'exerçait sur la face supérieure du piston avec une énergie proportionnelle à sa surface et en rapport avec le degré de vide obtenu.

Un modeste médecin français, Denis Papin[1], que la révocation de l'Édit de Nantes avait forcé de s'exi-

1. C'est à l'année 1688 que remonte cette première tentative.

ler, chercha d'abord à perfectionner la machine pro-
posée par Huyghens, machine qui, du reste, dans
la pensée de son auteur, « pouvait servir, non-seulement à élever toutes sortes de grands poids et
des eaux pour les fontaines, mais aussi à jeter des
boulets et des flèches avec beaucoup de force, suivant la manière des balistes des anciens. » Mais

Fig. 7. — Denis Papin.

bientôt, deux années plus tard, en 1690, il songea
à substituer à la poudre à canon un autre agent,
propre comme elle à faire le vide sous le piston,
et à laisser ainsi à la pression atmosphérique toute
sa prépondérance.

Cet agent, c'était la vapeur d'eau, avec laquelle
Papin était déjà familier, puisque dès 1681 il avait
inventé sa marmite célèbre, son *Nouveau digesteur*,

dont il sera question plus loin. Voici, en quelques lignes, la description de la première machine à vapeur, telle que Papin l'avait conçue, et l'explication, très-simple à concevoir, de ses effets.

B est un piston muni d'une tige verticale D et mobile dans un cylindre de même diamètre, à l'intérieur duquel on a introduit de l'eau à une faible hauteur. Dans le piston, on a pratiqué un trou L qu'une tige M peut fermer à volonté.

Supposons le piston enfoncé dans le cylindre jusqu'au contact de l'eau dont une partie a pu sortir par l'ouverture, celle-ci étant alors fermée à l'aide de la tige. Plaçons alors le cylindre, dont les parois sont métalliques, sur un foyer ardent : l'eau est bientôt réduite en vapeur, et celle-ci, par sa force élastique, surmonte le poids du piston et la pression de l'atmosphère : elle fait remonter le piston au haut du cylindre. Dès que le piston arrive au sommet de sa course, une verge mince C, mobile autour d'un de ses points, et jusque-là maintenue au contact de la tige du piston

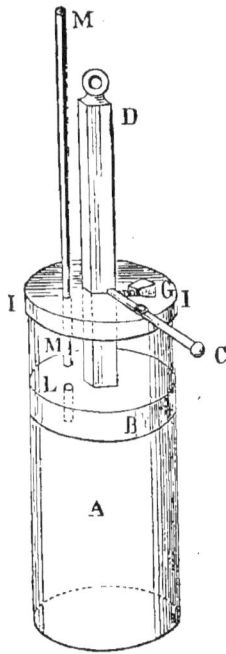

Fig. 8. — Première machine à vapeur de Papin.

par un ressort G, pénètre dans une fente de cette tige, lorsque le mouvement d'ascension amène la fente en face de la verge. En ce moment donc, le mouvement du piston s'arrête.

Otons alors le foyer de dessous le cylindre; bientôt ses parois et la vapeur d'eau qu'elles renferment se refroidissent : la vapeur se condense et le vide reste au-dessous du cylindre, de sorte que, si l'on vient à faire sortir la verge de la fente où elle maintient la tige et le piston, le piston pressé par le poids de l'atmosphère sera poussé de haut en bas, et l'on pourra profiter de cette pression considérable pour lui faire soulever des fardeaux.

En un mot, la disposition de la machine de Papin est un peu différente de celle où Huyghens faisait le vide par la poudre à canon, mais l'effet produit est le même.

Seulement, c'est la vapeur d'eau qui agit, c'est sa force élastique qui fait monter le piston ; c'est sa condensation par le froid qui fait le vide.

Retenons ici deux faits. Papin, dans cette première machine à vapeur, emploie d'abord le fluide élastique à une pression un peu supérieure à la pression atmosphérique : elle lui sert alors comme moteur pour soulever le piston ; puis il la condense par le refroidissement, de manière à faire le vide, et c'est la pression de l'atmosphère qui devient le moteur véritable, celui qui accomplit le travail utile, en vue duquel la machine est construite.

Plus tard, il modifia sa conception première, mais peu heureusement, il faut le dire, et c'est la machine que nous venons de décrire qui constitue son plus grand titre de gloire, son droit incontestable à être considéré comme l'inventeur de la machine à vapeur.

Savery, qui vint après, eut l'heureuse idée de produire la vapeur dans un vase séparé, de la condenser dans un autre, mais sa machine, sur laquelle nous reviendrons plus tard, est, sous un autre rapport, une rétrogradation relativement à celle de Papin ; en effet, la force élastique de la vapeur y est employée à refouler l'eau directement, tandis que nous venons de voir Papin se servir de cette force pour produire le mouvement d'un piston, mouvement qu'il suffira de transformer par des procédés purement mécaniques, pour faire de la machine à vapeur un moteur universel.

Insistons encore sur une considération que je crois d'une haute importance, parce qu'elle montre quels liens intimes unissent les progrès de la science aux progrès industriels.

Les essais d'Huyghens, la machine de Papin, sont basés sur la connaissance de la pesanteur de l'air, des effets que produit la pression atmosphérique, quand on fait le vide dans un espace clos. Et, en effet, trente ou quarante ans à peine s'étaient écoulés, depuis que Torricelli avait mis en évidence la pression de l'atmosphère et inventé le baromètre; les expériences d'Otto de Guericke et l'invention de la machine à faire le vide dataient de moins loin encore; le thermomètre venait aussi d'être inventé : toutes ces découvertes étaient nécessaires à l'éclosion des inventions nouvelles, et toutes en effet servent de départ aux recherches qui avaient pour objet la découverte du nouveau moteur.

Sans ces progrès incessants de la physique, on peut dire que la machine à vapeur n'eût pas pu voir le jour; et bientôt nous constaterons aussi que, si elle est sortie de sa forme embryonnaire et primitive, si elle est devenue le moteur universel que nous connaissons, c'est grâce à de nouveaux progrès de la science. Sans ces progrès, tout le génie des Papin, des Watt, des Fulton, se serait brisé contre d'insurmontables obstacles.

V

Les dernières années du dix-septième siècle ont donc vu l'éclosion, puis la réalisation de cette grande pensée : fournir à l'homme un moteur nouveau, ajouter une force aux forces naturelles dont l'homme disposait pour son labeur croissant, pour le travail tous les jours grandissant de la civilisation progressive.

L'avenir nous réserve peut-être de nouvelles conquêtes dans le même ordre de faits, mais on peut croire qu'aucune d'elles ne déterminera une révolution plus considérable dans ses effets, plus féconde dans ses conséquences, que celles dont la vapeur a inauguré, il y a bientôt deux siècles, les timides commencements.

Cette révolution est comparable, dans l'ordre matériel, à celle que la découverte de l'imprimerie a produite dans l'ordre intellectuel et moral. L'une a diffusé jusque dans les couches les plus humbles de la population la lumière de l'instruction, auparavant réservée à de rares privilégiés, à quelques initiés aux choses de la pensée. La divine manne de la poésie et de la science, grâce à la multiplication du livre par l'écriture moulée, nourrit aujourd'hui des millions d'intelligences. Sans doute, il s'en faut encore que l'œuvre de l'instruction universelle, rendue possible par l'imprimerie, soit un fait accompli : du moins cette œuvre est-elle en bonne voie dans le monde civilisé.

La vapeur, de son côté, a multiplié et rendu accessibles à tous les mille objets manufacturés que les métiers manuels et les machines anciennes ne livraient que rares et chers ; elle a couvert les membres nus des masses pauvres et laborieuses, à la ville comme aux champs ; elle a enrichi le mobilier de la chaumière d'une foule d'ustensiles usuels qui étaient de véritables objets de luxe dans les ménages d'autrefois. Partout où était la gêne, elle a produit l'aisance. Enfin elle a mis à la portée de tout le monde une chose que les grands seigneurs et les riches seuls étaient capables de se donner et se permettaient seuls, et cela même à grand' peine : la rapidité des communications. Les voyages qui jadis, c'est-à-dire avant les bateaux à vapeur et les chemins de fer, exigeaient des jours, des semaines, des mois entiers, se font aujourd'hui, grâce à la vapeur, en quelques heures, en quelques jours au plus. On se rend plus vite maintenant, et avec une sécurité au moins égale, du Havre à New-York, qu'il y a un siècle de Paris à Lyon. L'Océan Atlantique est franchi dans le temps qu'il fallait à une diligence pour traverser un tiers de la longueur de la France.

Je donnerai plus loin des détails précis, je citerai des chiffres, des statistiques qui mettent dans tout son jour l'évidence de ces assertions, qui prouvent que notre siècle mérite bien le nom qu'on lui donne, celui de SIÈCLE DE LA VAPEUR.

VI

Et maintenant, avant d'aborder mon sujet, avant de définir les propriétés physiques du merveilleux agent qui naît et se développe au simple contact d'une chaudière pleine d'eau et d'un morceau de houille enflammé, je veux faire, entre la vapeur et les autres forces naturelles utilisées par l'homme, un simple rapprochement. Je veux, en m'appuyant sur les données scientifiques les plus rigoureusement démontrées, montrer que toutes, par leur source, par leur origine première, ont une commune cause, la chaleur, dont chacune de ces forces est une manifestation particulière.

La chaleur n'est autre chose — la théorie et l'expérience s'accordent aujord'hui pour la démonstration de ce principe — qu'un mode de mouvement des molécules des corps, mouvement qui acquiert son maximum d'intensité et sa plus grande simplicité dans les gaz et les vapeurs. Par la combinaison chimique à laquelle on donne le nom de combustion, les molécules d'un morceau de houille entrent dans un état de vibration qui, de proche en proche ou par rayonnement, se communique aux parois du vase avec lequel il est en contact et avec la masse d'eau que le vase renferme. Peu à peu, le mouvement intime devient assez violent pour que les molécules de l'eau se séparent et que, devenues gazeuses, elles se précipitent avec une vitesse prodigieuse dans toutes les directions. Ainsi naît la force élastique de la vapeur, force qui elle-même, comme on le verra bientôt, produit le mouvement dans les organes d'une machine.

Eh bien, la chaleur, ce principe du moteur nouveau, est également le principe des forces musculaires des êtres animés. Sans la chaleur, la vie n'est point ; les aliments qui entretiennent la vie ne font que déterminer, dans les êtres organisés, la production de quantités sans cesse renouvelées de chaleur nouvelle : c'est cette chaleur, que ces êtres dépensent sous des formes variées, qui donne naissance aux mouvements des nerfs et des muscles.

Les animaux et l'homme, que nous avons ici seuls en vue, se nourrissent directement ou indirectement en s'assimilant des végétaux, c'est-à-dire des organismes formés par l'accumulation des forces vives émanées des rayons du soleil, source commune de la chaleur des corps terrestres.

C'est aussi la chaleur du soleil qui produit le mouvement de toutes les masses fluides qui circulent à la surface de notre globe. Par une incessante distillation des eaux de la mer, des fleuves et du sol imprégné d'humidité, le soleil provoque la formation de la vapeur d'eau dans l'atmosphère ; et c'est cette vapeur condensée qui retombe sur la superficie des continents, s'infiltre dans les terres, donne naissance aux sources, entretient les cours d'eau depuis les ruisseaux jusqu'aux fleuves et rend ainsi disponible la force de la gravité qui anime tous ces fluides en mouvement.

Ainsi, la force de la pesanteur, que nous avons vue utilisée dans les chutes et les courants d'eau, ne devient pour l'homme un moteur disponible

que grâce à la chaleur, sans laquelle toute circulation serait bientôt interrompue.

Les mouvements de l'atmosphère sont dus à une
cause de tout point semblable ; de sorte qu'en
dernière analyse :

> Les moteurs animés,
> Les moteurs hydrauliques,
> La force du vent,

sont trois manifestations en apparence diverses,
mais en somme trois modes d'activité d'une force
qui est aussi le principe du moteur que nous allons étudier dans cet ouvrage, c'est-à-dire de

> La vapeur d'eau.

Fig. 9. — La force de la vapeur. Touage ou remorquage
sur les rivières.

PREMIÈRE PARTIE

LA VAPEUR

I

QU'EST-CE QUE LA VAPEUR?

Idées des physiciens et des chimistes sur la vapeur, il y a cent ans. — Définition de la vapeur, dans l'*Encyclopédie*. — Hypothèse de Bossut.

Avant de décrire les machines à vapeur, avant d'essayer de dérouler devant les yeux du lecteur les conséquences de cette merveilleuse et puissante application des lois de la physique, je voudrais lui donner une idée précise de ce qu'est la vapeur elle-même, de la manière dont elle se produit, des circonstances qu'on observe dans sa formation, des lois enfin qui président aux variations de sa force élastique. Sans cette étude préalable, nous ne pourrions nous faire qu'une idée confuse des machines, du jeu de leurs organes ; nous ne sau-

rions comprendre les progrès apportés depuis l'o-
rigine à leurs dispositions, ni enfin, à plus forte
raison, concevoir les progrès que dans l'avenir elles peuvent recevoir encore du génie des inventeurs.

Je sais que cette façon de procéder, conforme à
la logique et au bon sens, n'est pas du goût de
tout le monde, que certains lecteurs la trouveront
dogmatique et ennuyeuse, et qu'il pourrait sem-
bler plus amusant d'aborder tout de suite les effets
sans s'attarder à en connaître les causes. Les esprits curieux et sérieux, j'en suis convaincu, ne
seront pas de cet avis-là.

Il n'y a pas si longtemps qu'on le pourrait
croire qu'on sait avec netteté ce qu'est la vapeur.
On a utilisé ses propriétés mécaniques avant de la
connaître. La raison en est bien simple : les découvertes toutes modernes des physiciens et des
chimistes sur les gaz n'avaient pas encore appris
qu'il y a des différences essentielles entre les substances qui affectent l'état gazeux ou aériforme.
Aussi croyait-on que la vapeur était, soit de l'eau
que l'action du feu change en air, soit de l'air ou
tout autre fluide subtil qui était primitivement
renfermé dans l'eau. L'*Encyclopédie* de d'Alembert
et Diderot définit ainsi le mot *vapeur* : « C'est l'as-
semblage d'une infinité de petites bulles d'eau ou
d'autres matières liquides, remplies d'air raréfié
par la chaleur et élevées par leur légèreté jusqu'à
une certaine hauteur dans l'atmosphère ; après
quoi elles retombent, soit en pluie, soit en rosée,
soit en neige, etc. » C'était, comme on voit, confondre la vapeur proprement dite, toujours invisible,
avec les nuées visibles, comme le prouvent d'ail-

leurs les lignes suivantes : « Les masses de cet as-
semblage, qui flottent dans l'air, sont ce qu'on appelle *nuages.* »

Voici comment s'exprime sur le même sujet
Bossut, qui écrivait en 1775, c'est-à-dire quatre-
vingts ans après l'invention de la machine à vapeur : « Le feu fait sortir de l'eau, en forme de vapeur, un fluide très-léger, très-subtil, très-élastique,
capable de faire équilibre à des poids considérables.... Cette vapeur n'est pas de l'air qui se dégage de l'eau, comme quelques personnes pourraient le penser. » Il cite alors, pour appuyer cette
manière de voir, une expérience de Désaguliers qu'il
est superflu de reproduire, et il ajoute en manière
de conclusion : « Il paroît que la vapeur est un fluide
particulier, mêlé dans l'eau, ou, si l'on veut, la partie la plus subtile de l'eau, que le feu met en action,
et qui perd subitement sa vertu expansive, jusqu'à n'occuper qu'un volume presque infiniment petit, quand on la refroidit d'une manière quelconque. »

L'idée que la vapeur n'est autre que l'eau elle-
même, transformée en gaz par l'action de la chaleur, n'était pas claire encore à cette époque ; on
le voit par les passages que je viens de transcrire.
Mais aujourd'hui aucun doute n'existe plus sur les
circonstances de cette transformation, que nous
allons étudier rapidement d'après toutes les données de la science.

II

COMMENT SE FORME LA VAPEUR?

L'eau se réduit spontanément en vapeur à toute température. — Évaporation à la surface. — Ébullition de l'eau ou vaporisation interne; l'eau chante. — Constance de la température pendant l'ébullition.

L'eau, comme tous les liquides, se réduit spontanément en vapeur à toute température. En exposant à l'air libre, dans un vase ouvert, imperméable, une certaine quantité d'eau, on voit peu à peu celle-ci diminuer et finalement disparaître, et cette disparition qu'on ne peut attribuer à l'absorption du vase ne s'explique que par le passage graduel du liquide à l'état aériforme ou gazeux.

Aux températures ordinaires, la transformation de l'eau en vapeur n'a lieu qu'à la surface; aucune bulle gazeuse ne se dégage de la masse interne; on reconnaît seulement que le phénomène est d'autant plus rapide, que la surface liquide est relativement plus étendue, et que la température est elle-même plus élevée. Mais il faut ajouter que cette rapidité dépend encore, et de l'état hygrométrique de l'air ambiant, et de la pression atmosphérique pendant la durée de l'expérience.

Pour le moment, ne faisons varier que la température.

Mettons sur le feu le vase contenant l'eau et échauffons-la ainsi progressivement. Si le foyer est suffisamment actif, on verra bientôt la vapeur se former, non-seulement à la surface du vase, d'où elle s'échappe sous forme de nuages qui s'élèvent et se dissipent dans l'air, mais encore au sein du liquide même. Sur le fond et sur les parois inférieures du vase, celles qui sont en contact direct avec les charbons ardents, des bulles gazeuses apparaissent, se déta-

Fig. 10. — Première phase de l'ébullition. L'eau chante.

chent, puis s'élèvent en forme de cônes jusqu'aux couches supérieures de l'eau. Ces premières bulles de vapeur diminuent de volume en s'élevant, et disparaissent avant d'avoir atteint le niveau supérieur du liquide. On entend alors un bruissement particulier causé précisément par la condensation de toutes ces bulles, ou mieux par le mouvement brusque de l'eau qui se précipite dans chacun des petits vides occasionnés par la condensation. C'est ce qu'on exprime communément en disant que *l'eau chante*.

En ce moment l'eau ne bout pas encore; en d'autres termes, la surface liquide extérieure reste calme, unie et horizontale. L'agitation provenant de la formation active de la vapeur est restreinte aux couches intérieures; elle n'atteint pas encore les couches les plus élevées. C'est que l'élévation de température n'est pas uniforme; mais les courants provoqués dans la masse par l'ascension de l'eau la plus chaude et dès lors la plus légère, la chaleur abandonnée par les bulles qui se condensent sans interruption, vont bientôt rendre le phénomène général. Les bulles de vapeur qui, tout à l'heure, disparaissaient avant d'atteindre la surface, montent jusqu'à celle-ci et, en crevant, rompent l'équilibre: le bouillonnement se manifeste dans la masse entière. Le phénomène de l'ébullition est maintenant complet.

La transformation de l'eau en vapeur par l'ébullition, et celle qu'on observe sans qu'il y ait ébullition, à une température quelconque, sont deux phénomènes différents, qu'il ne faut point confondre, et qu'on distingue en réservant le nom de *vaporisation* au premier et au second celui d'*évaporation*. La différence essentielle est celle-ci. L'évaporation, nous l'avons déjà dit, se fait par la surface libre du liquide; et elle a lieu, plus ou moins rapide, il est vrai, à toute température, et quelle que soit la pression extérieure de l'atmosphère. La vaporisation se fait à une température qui reste constante, dès que l'ébullition a commencé, bien que cette température dépende elle-même de la pression atmosphérique.

Voilà une condition caractéristique de l'ébullition. Supposons, par exemple, que dans l'expérience très-simple que nous venons de décrire, nous ayons, dès l'origine, plongé un thermomètre dans l'eau. A mesure que celle-ci s'est échauffée, nous aurions pu voir monter progressivement le niveau du mercure dans le tube, jusqu'à ce que, l'ébullition ayant commencé, ce même niveau, parvenu au maximum d'élévation, fût devenu stationnaire. Il eût marqué 100°, dans l'hypothèse où le baromètre, à ce même instant, eût indiqué lui-même la pression atmosphérique de 760 millimètres.

Alors, quelle que soit l'intensité du feu, tant que l'eau du vase bout, tant que la vaporisation dure, vous verrez cette température de 100° persister. En activant le foyer, vous rendrez l'ébullition plus rapide, c'est-à-dire la transformation de l'eau en vapeur plus prompte; mais vous ne parviendrez pas à échauffer l'eau davantage, non plus que la vapeur qui s'en échappe. La chaleur fournie est tout entière occupée à cette opération du passage de l'eau de l'état liquide à l'état gazeux.

Influence de la pression extérieure sur l'ébullition.

Ébullition dans le vide. — Faire bouillir de l'eau en la refroidissant. — Température de l'ébullition sur les montagnes ; impossibilité de faire du thé sur les Alpes. — Ébullition au-dessus de 100° ; le digesteur de Papin.

Cette même condition caractéristique de la constance de température de l'ébullition — disons, par parenthèse, qu'elle se présente aussi dans l'ébullition des liquides autres que l'eau — a lieu, quelle que soit la pression extérieure. Seulement plus celle-ci diminue, moins est élevée la température de l'ébullition. C'est ce qu'on peut vérifier expérimentalement de diverses manières.

Par exemple, on place sous le récipient de la machine pneumatique un vase qui renferme de l'eau à une température inférieure à celle de l'ébullition à l'air libre. Puis, on fait fonctionner la machine, c'est-à-dire on extrait peu à peu l'air contenu dans le récipient, ce qui revient à diminuer la pression que cet air exerce à la surface de l'eau. Quand la raréfaction est suffisante, on voit l'eau bouillir ; seulement les bulles de vapeur, au lieu de partir du fond du vase, comme il arrivait dans notre première expérience, prennent naissance dans les couches supérieures, parce que c'est dans ces couches que la pression est plus faible. Du reste, l'ébullition s'arrête bientôt ; cela tient à ce que la vapeur formée, en s'accumulant, presse elle-même la surface de l'eau. En continuant alors de faire le vide, on voit recommencer l'ébullition. En faisant un vide aussi complet que possible, on pourrait faire bouillir de l'eau, sans que sa température dépassât beaucoup 0⁰, température de la glace fondante.

Voici une autre expérience, qui sert à montrer que l'eau peut bouillir ou se vaporiser par ébullition, à une température moindre que 100⁰; mais c'est toujours par le fait de la diminution de pression à la surface du liquide. L'eau, contenue dans

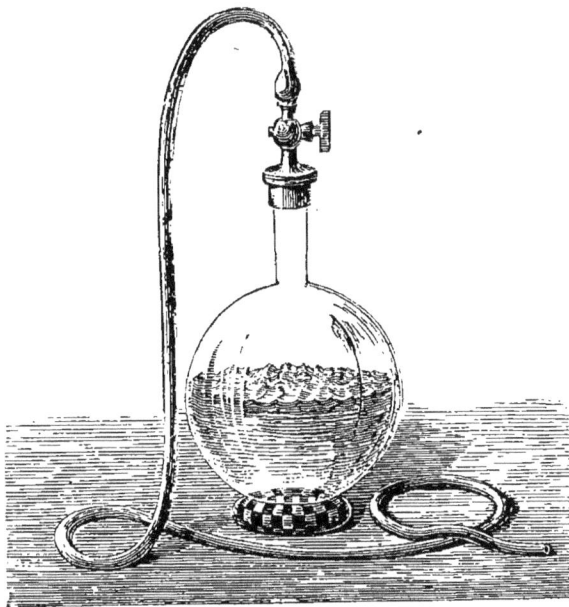

Fig. 11. — Ébullition de l'eau dans le vide.

un ballon à long col, est d'abord soumise à l'air libre, et sur un foyer ardent, à une ébullition assez prolongée pour que l'air du ballon soit chassé par la vapeur qui s'échappe. On bouche alors le flacon, qu'on retire du feu, et pour éviter la rentrée de l'air, on le renverse le col plongé dans l'eau. Si alors on refroidit le ballon, en l'aspergeant d'eau, froide, ou en le couvrant de morceaux de glace, la vapeur intérieure se condense ; le vide qui se forme détermine une diminution de pression, et l'ébullition recommence. Il semble ainsi qu'on fasse *bouillir de l'eau en la refroidissant.*

Cette expérience nous instruit aussi d'un fait d'une haute importance ; c'est qu'un abaissement

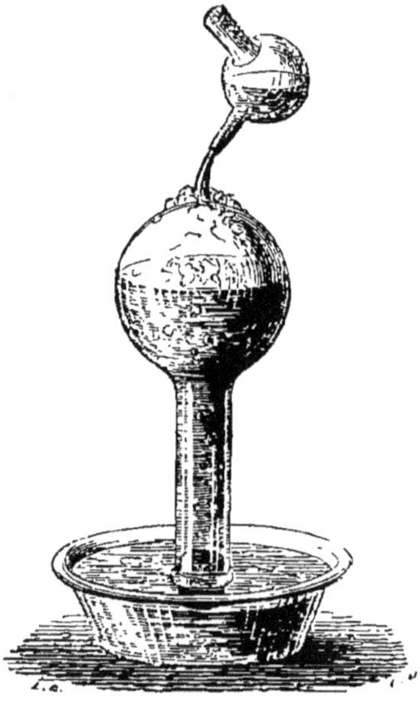

Fig. 12. — Ébullition de l'eau par le refroidissement.

de température ramène la vapeur, en partie du moins, à l'état liquide, en d'autres termes la condense. Nous reviendrons plus amplement tout à l'heure sur ce phénomène, inverse de celui de l'évaporation ou de la vaporisation.

Enfin, il y a un autre moyen de faire bouillir l'eau à une température moins élevée que 100° : c'est de s'élever en des points du sol où la pression atmo-

sphérique soit inférieure à 760 millimètres. Et, en
effet, l'expérience prouve que sur les montagnes,
l'eau bout à moins de 100°. De Saussure a trouvé
86° pour la température de l'ébullition de l'eau au
sommet du mont Blanc : la hauteur du baromètre
n'était alors que de 434 millimètres. Bravais et
Martins ont fait des expériences semblables aux
grands Mulets, sur les flancs du même mont : l'eau
bouillait à 90° sous une pression de 529 millimètres. Ils ont trouvé pour la température de l'ébullition au sommet du mont Blanc, 84°,4 pour une
pression barométrique de 424 millimètres. Au
sommet du mont Rose, Tyndall a trouvé que l'eau
bouillait à 84°,95. A Mexico, la température de l'é-
bullition est de 92°. Ainsi, l'ébullition de l'eau n'est
pas nécessairement une preuve de la grande élévation de sa température, puisque la température
du point d'élévation s'abaisse en même temps que
la pression extérieure. Dans les pays dont l'alti-
tude est considérable, l'eau bouillante ne permettrait que difficilement, imparfaitement certaines
opérations culinaires. « A Londres, dit Tyndall, on
assure que, pour faire du thé parfait, l'eau bouillante (à 100°) est absolument nécessaire. S'il en est
ainsi, on ne pourrait pas se procurer cette boisson
dans toute son excellence aux stations les plus
élevées des Alpes. »

On conçoit dès lors que, si au lieu de diminuer
la pression supportée par la surface du liquide, on
augmente cette pression, de manière à lui faire
dépasser la valeur de 760 millimètres, l'ébullition
en sera d'autant plus retardée que la pression sera
elle-même plus forte. Dans ces conditions, l'eau

bout à des températures qui peuvent être de beaucoup supérieures à 100⁰. Un moyen très-simple
d'accroître cette pression consiste à employer la
vapeur elle-même, la force élastique dont elle est
douée, force que nous mettrons bientôt en évidence
et dont nous étudierons les variations avec soin,
puisque c'est sur elle que repose le principe même
de la machine à vapeur.

C'est à Papin, à l'immortel inventeur de la machine à vapeur, qu'on doit la découverte de ce fait,
qu'il sut utiliser en inventant la marmite connue
aujourd'hui sous son nom, et dont il publia la description à Londres, en 1681, sous le titre de *New
Digester*[1].

Voici en quoi consiste la marmite de Papin :

Un vase cylindrique, en fer ou en bronze, aux
parois épaisses et résistantes, est fermé par un couvercle de même métal, qu'une vis de pression maintient appuyé contre les bords du vase. Celui-ci étant
empli d'eau aux deux tiers, par exemple, et placé
sur un foyer incandescent, de la vapeur se forme
en quantité croissante ; mais comme elle n'a pas
d'issue, elle s'accumule au-dessus du liquide, sur
la surface duquel elle exerce une pression de plus
en plus grande. L'eau peut ainsi atteindre, sans

---

1. La traduction française du *New Digester* a été publiée à Paris
en 1682, sous le titre : *La manière d'amollir les os et de faire
cuire toutes sortes de viandes en fort peu de temps et à peu de
frais, avec une Description de la machine dont il faut se servir
à cet effet, ses propriétés et ses usages confirmés par plusieurs
expériences, nouvellement inventée par M. Papin, docteur en
médecine*; chez Estienne Michallet, rue Saint-Jacques. Paris, 1682 ;
un petit volume in-12, de 175 pages. (*Histoire des Machines à
vapeur*, par M. Hachette.)

bouillir, une température dépassant de beaucoup 100°, capable, par exemple, de faire fondre certains métaux, de l'étain, du bismuth, du plomb[1]. Les légumes, la viande y cuisent plus rapidement que dans l'eau bouillante ordinaire; les substances

Fig. 13. — Marmite de Papin ou *Nouveau Digesteur* (1681).

susceptibles de se dissoudre, comme la gélatine des os, se ramollissent et se dissolvent très-aisément. On a obtenu ainsi de la gélatine, en soumettant à l'action de cette eau surchauffée, des os fossiles, ayant appartenu à des mastodontes et autres ani-

1. L'étain fond à 235°; le bismuth, à 265°, et le plomb, à 335° centigrades.

maux antédiluviens, qui vivaient, il y a quelques dizaines de milliers d'années.

La pression de la vapeur peut, dans certaines conditions, atteindre une force considérable, qui, s'exerçant à la fois sur la surface liquide et sur les parois du vase, risquerait de le faire éclater et rendrait dès lors l'expérience dangereuse. C'est pourquoi la marmite est munie d'une soupape de sûreté. Un trou est percé dans le couvercle, et sur la pièce mobile qui ferme ce trou s'appuie un levier dont la grande branche supporte un poids qu'on peut placer à une distance variable, suivant la pression limite qu'on ne veut pas dépasser. Si la température de l'eau qui correspond à cette limite est franchie, la vapeur soulève le levier, s'échappe en sifflant au dehors, où elle se condense sous l'apparence d'un nuage ; la pression intérieure diminue par le fait de cette projection de vapeur et le danger d'explosion est conjuré.

La *soupape de sûreté*, telle que l'a inventée Papin, est encore employée dans tous les appareils ayant pour objet la génération de la vapeur.

III

FORCE ÉLASTIQUE DE LA VAPEUR

Étude plus intime du phénomène de l'ébullition. — La tension de la vapeur, pendant l'ébullition, est égale à la pression atmosphérique. — Influence de la pureté de l'eau sur la température de l'ébullition; influence de la nature du vase : ébullition dans les vases en verre, dans les vases métalliques; expériences de Deluc, de Donny. — Ébullition de l'eau purgée d'air.

Revenons maintenant au phénomène de la formation de la vapeur d'eau par ébullition. Étudions ce phénomène d'une façon plus intime.

Pourquoi d'abord avons-nous vu la température d'ébullition varier avec la pression extérieure? La raison de ce fait est bien simple. C'est que la vapeur d'eau, pour se dégager du fond du vase, doit être douée d'une *force élastique* ou *tension* assez grande pour surmonter la pression que supportent les couches inférieures du liquide, pression qui se compose de deux éléments, savoir : d'une part la pression de l'eau, d'autre part la pression atmosphérique. Or, comme nous le verrons plus loin, la force élastique de la vapeur augmente avec la température.

Ainsi, à l'origine, quand se forment au fond du vase les premières bulles de vapeur, la tension de ces bulles est d'abord assez forte pour faire équilibre à cette double pression ; nous avons vu qu'elles s'élèvent à cause de leur légèreté spécifique ; mais comme les couches d'eau qu'elles traversent n'ont pas toutes encore la même température, que les plus élevées sont momentanément plus froides, les bulles se refroidissent en montant, elles se condensent sous l'influence de ce refroidissement, diminuent de grosseur et finalement s'évanouissent. C'est ce qui explique pourquoi elles repassent entièrement à l'état liquide avant d'avoir pu atteindre le niveau de l'eau dans le vase.

Fig. 14. — Phase de l'ébullition complète. Les bulles crèvent à la surface.

Peu à peu cependant, l'eau s'échauffe partout, soit par le mélange provenant des courants liquides ascendants et descendants, soit par la chaleur que lui cèdent en se condensant les bulles de vapeur, et à la fin la tension de ces dernières est assez forte pour qu'elles puissent conserver leur état en faisant leur ascension complète. On les voit apparaître à la surface de l'eau enveloppées de minces couches d'eau hémisphériques. En cet état elles n'ont plus à supporter que la pression de l'atmosphère; elles crèvent alors, provoquant de la sorte à la surface un mouvement tumultueux, indice visible de l'ébullition proprement dite. Il est donc bien évident que la tension de la vapeur est en ce moment précisément égale à la pression extérieure, à la pression atmosphérique, si le vase est ouvert et que l'ébullition se fasse à l'air libre.

Quand donc la pression atmosphérique diminue — c'est ce qui arrive chaque jour selon les circonstances météorologiques, c'est ce qui arrive encore si l'on s'élève sur une montagne, ou en ballon, — la vapeur, pour faire équilibre à cette pression plus faible, n'a pas besoin d'une température aussi grande. L'ébullition a lieu au-dessous de 100°. Il faut échauffer l'eau, au contraire, au-dessus de ce degré, si la pression extérieure augmente, résultat qu'on produit artificiellement en se servant de la tension même de la vapeur emprisonnée, comme on l'a vu dans l'expérience de la marmite de Papin.

Retenons donc ces deux lois qui président au phénomène de l'ébullition :

Première loi : la tension de la vapeur de l'eau ou d'un liquide quelconque, en ébullition, est toujours égale à la pression extérieure, c'est-à-dire à celle qui s'exerce à la surface du liquide;

Deuxième loi : la température du liquide en ébullition reste constante pendant toute la durée de la vaporisation, si la pression extérieure reste invariable; cette température d'ailleurs augmente ou diminue, si la pression elle-même augmente ou diminue.

Dans tout ce que nous venons de voir, il n'a pas été question de deux circonstances qui exercent l'une et l'autre sur le phénomène de l'ébullition une influence notable : je veux parler de la pureté de l'eau et de la nature du vase dans lequel elle est contenue.

L'expérience montre que les substances simplement mélangées, ou en suspension dans l'eau, ne modifient point la température d'ébullition. Il n'en est plus ainsi quand ces substances sont combinées ou en dissolution.

Le liquide dissous, l'alcool, par exemple, est-il plus volatil que l'eau : en ce cas, le point d'ébullition s'abaisse ; il s'élève, au contraire, si c'est un liquide dont la vapeur se forme moins facilement, comme l'acide sulfurique. Mais la vapeur produite n'est plus de la vapeur d'eau : c'est un mélange ou une combinaison des vapeurs de chaque liquide.

Enfin, quand la substance dissoute dans l'eau est un sel, la température du point d'ébullition est toujours plus élevée que celle de l'eau pure, et cette élévation est d'autant plus grande que la proportion du sel en dissolution est plus forte elle-même. C'est ainsi qu'une dissolution de sel marin bout :

à 101°,5, si la proportion est de 10 pour 100,
à 102°,5,   —   20   —
à 105°,5,   —   30
à 108°,   —   40

Aussi qu'arrive-t-il, quand on porte une dissolution saline à l'ébullition? c'est que l'évaporation la concentre. Quand l'ébullition est obtenue, la vapeur d'eau, se formant en grande quantité, la proportion relative du sel qui reste dissous augmente, la température monte progressivement, jusqu'à ce que, la dissolution ayant atteint son maximum de concentration ou étant, comme on dit, *saturée*, la température d'ébullition à ce moment devienne fixe, comme celle de l'ébullition de l'eau pure, mais toujours plus élevée qu'elle.

Une dissolution de sel marin est saturée, quand la quantité en poids de sel dissous dans 100 parties d'eau est 41,2; le point fixe d'ébullition est alors 108°,4. La dissolution saturée de sel ammoniac renferme 88,0 pour 100 et bout à 114°,2; celle de chlorure de calcium renferme 325 pour 100 et ne bout qu'à 179°,5.

Ces notions ne sont pas étrangères à notre sujet, tant s'en faut. Il est rare, en effet, que les eaux employées dans les machines à vapeur soient pures; le plus souvent elles contiennent en dissolution des matières étrangères, des sels de diverses natures; l'eau de la mer, par exemple, est très-chargée de telles substances dont il importe de connaître l'effet sur la production de la vapeur et qui, en se déposant sur les parois des chaudières, peuvent provoquer des explosions formidables.

Des raisons semblables nous engagent à dire quelques mots de l'influence qu'exercent sur l'ébullition les matières qui composent les parois du vase où l'eau est renfermée.

L'eau bout plus vite, c'est-à-dire à une température moins élevée, dans un vase en métal que dans un vase en verre. La qualité du verre, l'état de sa surface ont aussi une influence marquée sur le phénomène.

Dans un vase en verre dont la surface intérieure a été préalablement bien nettoyée, la formation des bulles gazeuses est plus lente : ces bulles sont grosses, peu nombreuses : on dirait qu'elles ont peine à se détacher du fond du vase. Fait-on bouillir l'eau dans un vase métallique, on voit les bulles plus petites, mais beaucoup plus nombreuses, partir de tous les points de la paroi inférieure, et, comme indice caractéristique de cette formation plus aisée de la vapeur, on trouve que le point d'ébullition est moins élevé que dans le verre : la différence peut s'élever de 1 à 2 degrés. Ce dernier point est facile à constater. Prenons un vase en verre renfermant de l'eau dont l'ébullition a cessé il y a peu d'instants, c'est-à-dire dont la température a légèrement baissé : projetons-y de la limaille métallique. Voici l'ébullition qui recommence; et ce qui montre bien quelle est l'influence de la nature de la substance, c'est que du verre en poudre projeté de la même manière produit moins d'effet que la limaille métallique.

Quelle est la raison de ces différences?

Qu'est-ce qui, dans le verre, s'oppose à la formation des bulles de vapeur?

Il y a là probablement une action moléculaire, l'adhérence des molécules liquides qui, très-considérable pour le verre, est bien moindre pour une surface métallique. Le changement d'état, le passage de l'état liquide à l'état gazeux éprouve, pour se produire dans le premier cas, une résistance

plus grande que dans le second. Quand une première bulle a réussi à se former au contact du
verre, elle augmente de volume pour deux motifs,
par accroissement de température d'abord, ensuite
par la formation de nouvelle vapeur sur la surface
sphérique interne de la bulle. La tension de la
vapeur devenant tout à coup plus forte que la
pression subie, il en résulte les soubresauts que
l'on remarque alors, quelquefois même la projection violente d'une portion de liquide hors du
vase.

Dans un vase en verre, en verre *vert* notamment, dont la surface interne n'a pas été préalablement bien nettoyée, les poussières qui tapis-
sent le fond provoquent la formation de la vapeur,
tout comme il arrive quand on y jette des parcelles
de limaille.

Ce n'est pas seulement l'adhérence de l'eau pour
le verre que doit vaincre une molécule d'eau
chauffée à 100° pour se convertir en bulles de
vapeur, c'est encore la cohésion, la force qui unit
cette molécule à toutes les molécules qui l'entou-
rent. Cette cohésion est d'autant plus grande que
l'eau est plus pure et surtout qu'elle est mieux
purgée d'air. L'air en dissolution dans l'eau semble
jouer le rôle d'un diviseur qui a préparé les molécules liquides à la séparation. Et de fait, l'expérience confirme cette manière de voir.

Le physicien Deluc ayant enfermé dans un ma-
tras à long col de l'eau purgée d'air, put la porter
à une température de 112° sans qu'elle entrât en
ébullition. Plus tard, un grand nombre d'expériences décisives dues à M. Donny ont mis en évi-

dence cette action de l'air dissous dans l'eau sur
l'ébullition du liquide. Voici l'une de ces expériences.

Un tube doublement recourbé et terminé à l'une
de ses extrémités en forme de boule (fig. 15) renferme de l'eau complétement purgée d'air. Cette
condition essentielle a été obtenue en faisant

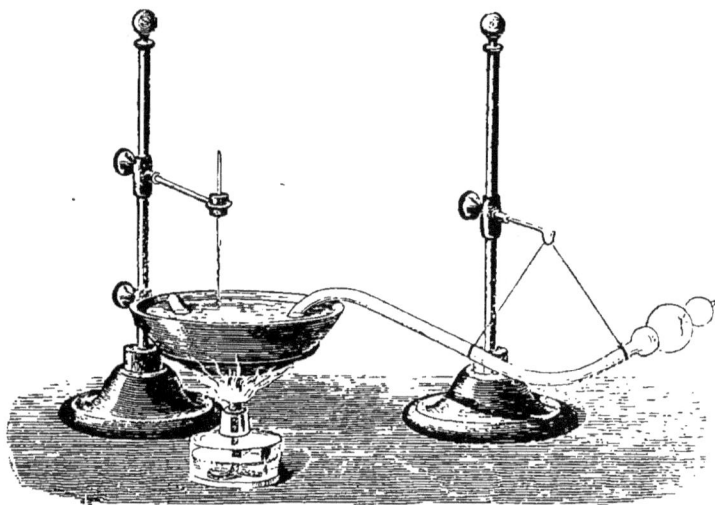

Fig. 15. — Expérience de Donny sur l'ébullition de l'eau purgée d'air.

bouillir l'eau dans le tube encore ouvert; la vapeur qui se dégage chasse peu à peu l'air du tube
ainsi que celui qui était dissous dans l'eau; on
ferme à la lampe dès qu'on est assuré qu'il n'y a
plus dans le tube que de l'eau et sa vapeur. On a
ainsi une sorte de marteau d'eau dont on plonge
la partie recourbée contenant le liquide refroidi
dans un bain d'huile. On chauffe ce dernier à l'aide
d'une lampe à alcool, et l'on constate alors par le

thermomètre que la température peut être portée
à plus de 130°, sans que l'ébullition se produise.
A la température de 138°, la vapeur se forme tout
à coup et si brusquement, que l'eau du tube est
projetée à l'extrémité située hors du bain. Le choc
qui en résulte est amorti par les boules; il peut
arriver cependant que l'appareil éclate avec explosion.

Les circonstances dans lesquelles la vapeur se
produit brusquement, d'une façon irrégulière et
en quantités plus considérables que dans les conditions ordinaires ou normales, méritent un examen spécial, parce qu'elles peuvent se rencontrer
dans les chaudières de machines à vapeur et donner lieu à de graves accidents, à des explosions
dangereuses.

On vient de voir un exemple de cette brusque
production de la vapeur dans l'ébullition de l'eau
purgée d'air. En voici un autre qui n'offre pas un
moindre intérêt.

Si l'on fait tomber quelques gouttes d'eau sur
un creuset de métal incandescent, le liquide se
rassemble et s'arrondit sous la forme d'un globule
qui demeure transparent, sans que la température
à laquelle on le croirait soumis le mette en ébullition. Tantôt le globule reste immobile, tantôt il
tourne rapidement sur lui-même, et alors il a l'apparence d'une étoile; il s'évapore et diminue ainsi
peu à peu de volume, mais avec lenteur, et il ne
disparaît tout à fait qu'après un temps assez long.

En cet état, l'eau ne mouille pas le métal, il
n'y a pas contact entre la surface inférieure du
globule et celle du creuset, et l'on a pu s'assurer

qu'une mince couche de vapeur, celle qui produit l'évaporation, est interposée entre les deux corps dont elle empêche le contact. Comment une si faible quantité de liquide, si voisine d'une source de chaleur intense, n'est-elle pas plus promptement réduite en vapeur? Comment résiste-t-elle à l'ébullition?

Il y a de ce phénomène singulier deux raisons : la première, c'est que le métal ne peut échauffer par conductibilité l'eau qu'il ne touche pas et qui en est séparée par une couche protectrice de vapeur, couche dont la conductibilité est elle-même très-faible; c'est par rayonnement que l'échauffement pourrait avoir lieu. Or, la chaleur ainsi envoyée au globule par le métal incandescent est en partie réfléchie à la surface du liquide, en partie employée à l'évaporation active qui se fait à cette surface; et, comme l'eau est une substance diathermane, laissant passer les rayons de la chaleur sans s'échauffer elle-même, il n'y a, en définitive, qu'une très-petite quantité de chaleur qui soit réellement absorbée et propre à élever la température du globule.

Le globule reste donc à une température inférieure à 100°, et dès lors ne peut bouillir. Mais les choses ne se passent ainsi que quand il y a absence de contact entre le globule et le métal du creuset; ce qui exige que la température de ce dernier dépasse une certaine limite, que l'expérience a permis de déterminer. Température variable d'ailleurs avec la nature du liquide : elle est de 140° pour l'eau environ.

Si donc on vient, pendant que le globule d'eau

est sur le creuset, à laisser peu à peu refroidir ce
dernier, au moment où sa température s'abaisse
à 140°, le contact s'établit entre le métal et la petite masse d'eau ; le globule prend rapidement la
température de l'ébullition, il bout avec violence
et se réduit presque aussitôt entièrement en vapeur. C'est là un fait que nous devrons nous
rappeler, quand il s'agira de chercher les causes
de l'explosion des chaudières à vapeur.

Force élastique ou tension de la vapeur. — Sa mesure.

Lois de formation et tension des vapeurs dans le vide. — Tension maximum
et saturation. — Variations de la tension maximum avec la température ;
énoncé des lois de Dalton. — Échelle des tensions depuis 2° au-dessous de
0°, jusqu'à 230° au-dessus. — Tensions de diverses vapeurs.

Parmi les propriétés des vapeurs et surtout de
la vapeur d'eau, il en est une qui nous intéresse
plus particulièrement : je veux parler de leur *force
élastique* ou *tension*. C'est cette force, en effet, qui
est le principe du mouvement des machines à
vapeur. Il est absolument nécessaire de bien connaître et comprendre les lois de variations de cette
force et d'en savoir mesurer l'intensité, si l'on
veut se rendre compte du fonctionnement des
divers organes de ces machines.

Les effets mécaniques de la vapeur d'eau sont
connus, nous l'avons dit, depuis la plus haute antiquité. Une marmite contenant de l'eau en ébullition a suffi pour faire constater l'existence de la
force élastique en question : un couvercle fermant
un peu hermétiquement l'ustensile de ménage est
soulevé par la vapeur, qui cherche une issue. Et

voilà, pour qui sait voir et observer, la tension de la vapeur d'eau reconnue.

Mais de là à en déterminer les lois, il y avait loin. Le premier physicien qui a fait cette étude avec précision est le savant anglais Dalton, sous le nom duquel on connaît les lois de la formation et de la tension des vapeurs dans le vide. Décrivons rapidement et succinctement les expériences qui ont conduit Dalton à formuler ces lois.

L'appareil employé est des plus simples. C'est un tube barométrique qu'on peut à volonté élever ou abaisser dans la cuvette pleine de mercure d'un baromètre, dont le niveau supérieur va servir, comme on va le voir, de repère ou de terme de comparaison.

Au début de l'expérience, le mercure des deux tubes s'élève à une même hauteur au-dessus du niveau de la cuvette, et cette hauteur mesure,

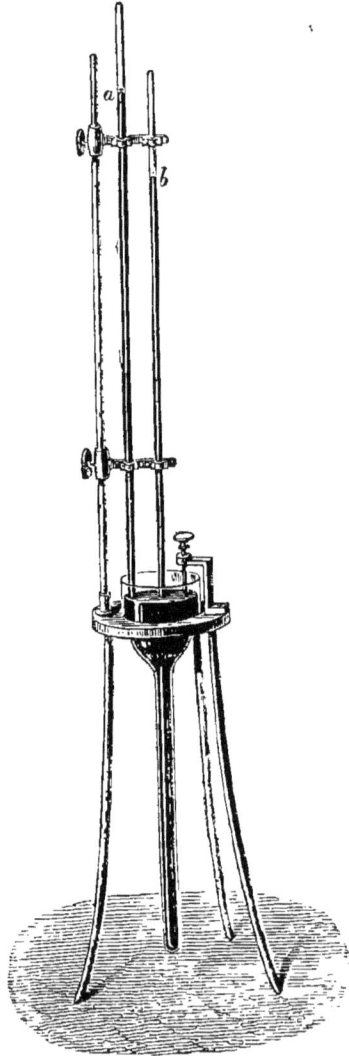

Fig. 16. — Loi de formation et de tension des vapeurs dans le vide.

comme on le sait, la pression atmosphérique, la
force élastique avec laquelle l'air extérieur presse
la surface du mercure de la cuvette. Dans les deux
chambres barométriques, il y a le vide.

Introduisons maintenant, sous l'un des tubes,
comme l'a fait Dalton, à l'aide d'une pipette recourbée, un petit volume du liquide dont il s'agit
d'étudier la vapeur. Ce sera de l'eau si vous voulez.

Aussitôt que l'eau, par sa légèreté spécifique, a
monté dans le tube et pénétré dans le vide barométrique, on voit le niveau du mercure se dé-
primer et s'abaisser jusqu'à un certain point b.
A quoi est due cette dépression instantanée? Évidemment à la vapeur d'eau qui s'est formée dès
que le liquide a pénétré dans l'espace vide de la
chambre. On peut s'assurer, en effet, ou bien que
le liquide a disparu complétement, où s'il en reste
encore au-dessus du mercure, que son volume a
diminué.

Que prouve cette première expérience? Que,
dans le vide, les liquides se réduisent spontanément en vapeur, et que cette vapeur est douée
d'une certaine force élastique ou tension. La différence de niveau des surfaces a, b, du mercure
dans les deux tubes est d'ailleurs la mesure de
cette force, qu'on peut comparer ainsi à la pression
atmosphérique au moment de l'expérience.

Examinons maintenant à part chacun des cas
qui peuvent se présenter.

Supposons que tout le liquide introduit ne se
soit pas réduit en vapeur, qu'il en reste un excédant au-dessus du mercure. Abaissons rapide-

ment le tube dans la cuvette : que voyons-nous?
Le niveau b reste à la même hauteur au-dessus du
mercure de la cuvette, bien que la chambre barométrique ait diminué de volume, c'est-à-dire bien
que l'espace occupé par la vapeur soit moins
grand qu'au début de l'expérience. Il faut en conclure que la forme élastique de la vapeur n'a pas
changé. Seulement, la quantité du liquide qui
surnage a augmenté, comme on peut le voir, ce
qui provient évidemment du retour d'une partie
de la vapeur d'eau à l'état liquide. Si, au lieu
d'eau, on employait pour les expériences que nous
venons de décrire, un liquide très-volatil comme
l'éther ou l'alcool absolu, l'accroissement d'épaisseur de la couche liquide qui surmonte le mercure
serait plus aisément appréciable. Remontons maintenant le tube à son premier niveau ; les choses
reprendront leur premier état, et si l'on continue
à agrandir la chambre barométrique par l'ascension du tube, on reconnaîtra que le niveau b reste
invariable tant que le liquide reste en excès, c'est-
à-dire n'est point entièrement vaporisé.

Arrive un moment, toutefois, où l'eau est entièrement réduite en vapeur. Là, encore, le niveau
b n'a point changé ; mais si l'on continue à soulever le tube, le mercure remonte progressivement ;
b se rapproche du point a sans d'ailleurs jamais
l'atteindre. Quand la vapeur n'est plus en contact
avec le liquide qui l'a formée, sa tension diminue
donc : elle devient d'autant plus faible que l'espace
vide occupé par cette vapeur est plus grand. Dans
cette condition particulière, la vapeur se comporte
comme un gaz, et la loi des variations de sa ten-

sion est, en effet, la même que la loi de Mariotte[1].

Enfin, si l'on abaisse de nouveau le tube dans le prolongement de la cuvette, on voit à mesure augmenter la pression de la vapeur jusqu'à sa valeur primitive. Le niveau du mercure revient en *b* ; mais à partir de ce moment, il reste encore invariable, et une partie de la vapeur reprend l'état liquide comme auparavant.

De ces nouvelles expériences Dalton a conclu :

Que la vapeur d'un liquide qui s'est vaporisé dans le vide atteint un degré de force élastique ou de tension maximum qui reste invariable, tant qu'un excès de liquide reste en contact avec l'espace plein de vapeur. On dit alors que l'espace en question est *saturé*[2].

N'oublions pas, d'ailleurs, que les expériences qu'on vient de décrire sont supposées faites à une température rigoureusement invariable, et que les lois que Dalton en a conclues s'appliquent aux vapeurs des liquides quelconques. Mais, pour une même température, la tension maximum de chaque espèce de vapeur est loin d'être la même, ainsi qu'on peut s'en rendre compte avec l'appareil de la figure 17, qui est connu sous le nom de *faisceau barométrique*.

[1]. Cette loi, qui a été découverte par le physicien du dix-huitième siècle dont elle porte le nom, peut s'énoncer ainsi : « Les volumes occupés par l'air ou par tout autre gaz varient en raison inverse des pressions que ces gaz supportent. » Cette loi n'est plus rigoureusement exacte, quand les expériences ont lieu à des températures voisines des points de liquéfaction.

[2]. Par un défaut de langage qu'on devrait éviter, on dit souvent que, dans ces conditions, la vapeur est elle-même *saturée*.

Ce sont des tubes barométriques dans les chambres desquels on a introduit divers liquides, de
l'eau, de l'alcool, de l'éther, du sulfure de carbone,
etc. En déterminant, comme l'a fait Dalton, la

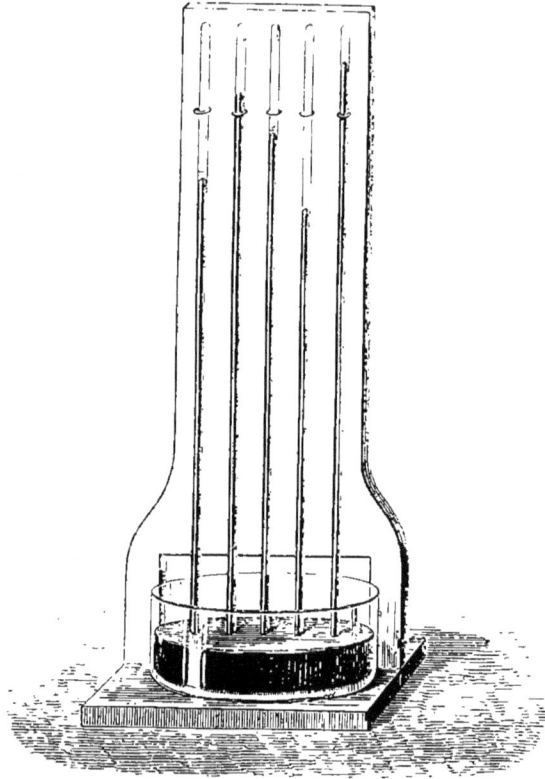

Fig. 17. — Faisceau barométrique. Inégalité des tensions maxima des
vapeurs de différents liquides à la même température.

tension maximum de la vapeur de chacun d'eux,
on voit, par la différence des niveaux du mercure
dans les tubes, que ces tensions sont essentielle-
ment différentes à une même température.

Il nous reste maintenant à dire comment varie

la tension d'un espace saturé de vapeur, quand on a fait passer la température par toutes ses valeurs entre deux limites extrêmes.

L'expérience montre que la force élastique de la vapeur quand l'espace est saturé, ou sa tension maximum, varie avec la température, décroissant si celle-ci s'abaisse, augmentant, au contraire, si elle s'élève. D'ailleurs, cet accroissement est rapide. Ainsi nous savons qu'à 100° la vapeur d'eau a une tension maximum de 760 millimètres de mercure, égale à ce qu'on nomme en physique *une atmosphère*. Or, à 150°, elle atteint la valeur de 4 atmosphères 1/2 ; à 200°, celle de 15 atmosphères. Pour des températures inférieures à celle de l'ébullition, cette loi de progression se présente pareillement. A 0°, la force élastique maximum de la vapeur n'est que de $4^{mm},6$ de mercure ; à 50°, elle atteint 91 millimètres, près de 20 fois aussi grande qu'à 0° ; à 100°, elle a une valeur 165 fois aussi considérable.

L'étude de ces variations, si importante pour la théorie des machines à vapeur, a été l'objet, depuis Dalton, de grands travaux auxquels se rattachent les noms de plusieurs savants ; citons ceux de Dulong et d'Arago et, parmi les physiciens contemporains, ceux de M. Magnus et surtout de M. Regnault. La mesure des tensions des vapeurs, de la vapeur d'eau notamment, a été déterminée avec une précision extrême pour un grand nombre de températures, depuis les plus basses jusqu'aux plus élevées qu'on ait pu produire sans redouter des accidents, des explosions dangereuses. Voici un tableau qui donne les tensions maxima de la

vapeur d'eau saturée, depuis 20° au-dessous de la
glace jusqu'à 230° au-dessus de 0°. C'est vers cette
limite que les expériences de M. Regnault ont dû
s'arrêter : à 232°, la tension de la vapeur égalait
environ 30 fois la pression atmosphérique, mais
cette force pressait la chaudière où la vapeur
était emprisonnée, avec une telle puissance qu'un
boulon de l'armature qui consolidait les parois se
rompit. Il fallut s'arrêter. On comprendra la nécessité de cette mesure de prudence, si l'on veut
bien songer que chaque décimètre carré de la
paroi interne de la chaudière supportait alors
une pression équivalente à un poids de 3100 kilogrammes.

TEMPÉRATURES DE LA VAPEUR D'EAU.	TENSIONS DE LA VAPEUR D'EAU SATURÉE EXPRIMÉES	
	EN MILLIMÈTRES DE MERCURE.	EN ATMOSPHÈRES.
— 20°	0.40	0.0012
— 10	2.08	0.0027
0	4.60	0.0060
+ 10	9.16	0.0120
20	17.39	0.0228
40	54.91	0.0723
60	148.79	0.1957
80	354.62	0.4666
100	760.00	1. 000
120	1491.28	1. 962
140	2717.63	3. 575
160	4651.62	6. 120
180	7546.40	9. 916
200	11689.00	15. 380
220	17390.36	22. 882
230	20926.40	27. 535

C'est vers 121° que la pression de la vapeur d'eau
atteint 2 atmosphères ; de 121° à 145°, elle double

de valeur; elle double une troisième fois et atteint 8 atmosphères à 172°; elle en vaut 16 vers 204°, et enfin on calcule qu'à 266°, la tension maximum de la vapeur d'eau saturée atteindrait l'énorme puissance de 50 atmosphères.

Terminons ce sujet un peu aride, trouvera-t-on peut-être, mais d'un si haut intérêt théorique et pratique, par quelques chiffres propres à montrer combien, à des températures égales, les tensions maxima des vapeurs saturées de divers liquides sont différentes. Nous prenons pour exemple des vapeurs qui ont été l'objet d'essais pour l'application aux machines motrices.

A 100°, la vapeur d'eau a pour mesure de sa tension 760^{mm} de mercure.

TENSIONS DES VAPEURS

	d'éther	d'alcool	d'acétone	de chloroforme	de chlorure de carbone	de sulfure de carbone
à 100°	4953^{mm}	1697^{mm}	2796^{mm}	2428^{mm}	1467^{mm}	3225^{mm}
à 120°	7719	3231	4551	3925	2393	5143

On voit de combien il s'en faut que les vapeurs saturées de liquides différents aient, à une même température, la même tension maximum. Mais n'oublions pas qu'il y a un point, qui est celui de l'ébullition, où la vapeur de chacun d'eux a la même tension, celle de la pression atmosphérique au moment de l'expérience. Eh bien, des températures égales à partir de ce point, donnent approximativement la même tension maximum pour la vapeur des divers liquides. Par exemple, l'éther bout à 37°. De sorte que les températures de 100° et de 120°, indiquées plus haut, marquent des points éloignés respectivement du point d'ébullition, de

63° et de 83°. Pour la vapeur d'eau, les températures équidistantes et correspondantes sont donc
163° et 183°. Or, à ces points, on trouve 4940^{mm} et
7700^{mm} pour la tension de la vapeur d'eau saturée;
on voit que c'est, à peu près, les nombres qui me-
surent les tensions de la vapeur d'éther à 100° et
à 120°.

Dalton avait cru pouvoir formuler ce rapprochement de la façon suivante : *Toutes les vapeurs ont
la même tension, à une température également dis-
tante du point d'ébullition de chaque liquide.* Mais
ce n'est pas une loi rigoureusement exacte.

IV

LA VAPEUR D'EAU DANS L'ATMOSPHÈRE

Formation de la vapeur dans l'air : ses lois sont les mêmes que dans le vide mais le passage de l'eau à l'état gazéiforme est beaucoup plus lent.

L'ébullition de l'eau est un phénomène qu'on peut généralement considérer comme artificiel, en ce sens que presque toujours il faut l'intervention de l'homme pour obtenir la température élevée nécessaire à sa production.

Au contraire, la formation de la vapeur par évaporation ayant lieu à toute température, est un phénomène qui se manifeste à tout instant dans la nature ; et comme l'eau se trouve pour ainsi dire universellement répandue à la surface du sol, l'étude de la vapeur dans l'air ou dans l'atmosphère embrasse un nombre considérable de phénomènes qui se renouvellent sans cesse. Ces phénomènes, il est vrai, sont du ressort de la branche de la physique à laquelle on donne le nom de *météorologie*. Mais bien que nous ayons ici en vue surtout les applications mécaniques de la vapeur, il ne nous paraît pas superflu de jeter un coup d'œil sur cet ordre de faits, et de suivre ainsi la vapeur d'eau, depuis la chaudière des machines, jusque dans les profondeurs de l'enveloppe gazeuse qui entoure notre planète, et dans laquelle nous naissons, vivons et mourons. N'est-ce pas le cas de dire en parlant de l'air, comme ce Père de l'Église un peu entaché, croyons-nous, de panthéisme le disait en parlant de Dieu : *In eo vivimus, movemur et sumus?*

Rappelons deux circonstances de la formation des vapeurs dans le vide. En premier lieu, l'eau introduite dans l'espace vide s'y réduit spontanément en vapeur, et cela quelle que soit la température. En second lieu, la vapeur formée atteint aussitôt une force élastique maximum, variable avec cette température et croissant rapidement avec elle. Mais alors une condition nécessaire pour que la vapeur atteigne cette limite, c'est que, dans l'espace rempli par celle-ci, il reste encore un excès de liquide, si petit qu'il soit. A partir de ce moment, il cesse de se former de nouvelles vapeurs, l'espace étant, comme nous l'avons vu, *saturé.*

En cet état, il y a deux manières d'augmenter la force élastique ou la tension de la vapeur : la première consiste à diminuer la pression extérieure ou atmosphérique; la seconde, à accroître la température. Il est clair que, par les deux moyens inverses, l'augmentation de pression ou la diminution de température, le phénomène contraire se produira, c'est-à-dire la force élastique de la vapeur deviendra moindre; mais alors une certaine portion de cette vapeur se condensera ou reprendra l'état liquide.

Maintenant, que deviendront toutes ces lois, si la vapeur, au lieu de se former dans le vide, se produit dans l'air?

Et d'abord, dans un espace limité?

L'expérience montre en ce cas que la vapeur se produit encore en se mélangeant avec l'air de l'enceinte. Mais la formation en est grandement ralentie, et le point de saturation n'est atteint qu'au bout d'un temps plus ou moins long, tandis que dans le vide il l'est instantanément. Seulement la loi reste la même : la tension maximum de la vapeur qui sature l'espace plein d'air est précisément la même que dans le vide, toutes les autres conditions de pression et de température restant égales.

La vapeur d'eau à la surface du sol.

L'eau à la surface de la terre : les mers, les lacs, les cours d'eau. — Evaporation continue; nuages; brumes et brouillards. — Il ne faut pas confondre la vapeur d'eau et les nuages; la véritable vapeur est invisible et parfaitement transparente. — L'air humide renferme le plus souvent très-peu de vapeur.

Les trois quarts, au moins, de la surface du globe terrestre sont recouverts par les eaux de l'Océan. De plus, les continents et les îles sont eux-mêmes sillonnés d'une multitude de fleuves, de rivières, de lacs qui exposent à l'air libre, à des températures très-diverses et très-variables, l'eau qu'ils renferment.

L'eau existe encore, sur la Terre, dans le sol lui-même que les pluies, les ruisseaux périodiquement inondent. Cette humidité, il est vrai, ne demeure pas longtemps à la surface, et la partie qui est imbibée va s'infiltrer dans les couches plus profondes, où elle donne naissance aux sources et les entretient.

Que devient celle qui reste ainsi exposée à l'air?

Elle se réduit spontanément en vapeur avec une abondance qui varie selon la pression atmosphérique et la température des couches d'air en contact avec les couches aqueuses. Il y a même là un phénomène qui semble paradoxal, quand on le met en regard de la loi de formation des vapeurs. En effet, à la surface du sol, la pression atmosphérique que supporte nécessairement la surface d'un liquide dépasse de beaucoup ordinairement celle qui mesure la tension maximum de la vapeur aux températures ordinaires. Il semble donc que cette pression devrait empêcher l'évaporation de se faire. Mais il ne faut pas oublier que des gaz mis en présence comme l'air et la vapeur sont doués d'une expansibilité indéfinie, et qu'il en résulte pour eux une tendance à se mélanger qui, en effet, se réalise.

La vapeur qui se forme à la surface de l'eau des mers ou des rivières, se mélange donc à l'air, dont elle imprègne d'abord les couches les plus voisines. Si ces couches aériennes sont en repos, elles sont bientôt saturées de vapeur, et l'évaporation s'arrête alors, après s'être d'autant plus ralentie que le point de saturation approchait plus d'être atteint; mais s'il existe un vent plus ou moins fort qui renouvelle l'air, l'évaporation sera plus rapide, parce qu'à l'air mélangé de vapeur succède de l'air qui en renferme une moindre quantité. Ainsi s'explique la rapidité avec laquelle sèche le linge mouillé qu'on étend dans un courant d'air, ou le sol détrempé par une pluie à laquelle succède une brise un peu vive.

L'évaporation est d'ailleurs accélérée par l'élévation de température. L'action des rayons solaires est, sous ce rapport, d'une grande efficacité, et la sécheresse primitive de l'air n'a pas une moindre influence : pour que le vent produise au plus haut degré l'effet dont il vient d'être question, il importe qu'il soit le moins humide possible, c'est-à-dire que les couches d'air qu'il amène avec lui et dont le mouvement le constitue contiennent le moins de vapeur possible, eu égard à sa température. Tout cela dépend, pour une même station à la surface de la terre, de l'époque ou de la saison de l'année, de la direction du vent, de la température régnante, etc. Tel vent qui, chargé à son origine d'une grande masse de vapeur, arrive en une contrée après avoir traversé de longs espaces continentaux ou frôlé des chaînes de montagnes élevées, est un vent sec pour les régions qu'il visite en dernier lieu, parce que la vapeur qu'il portait s'est refroidie en route, s'est condensée en brouillard, en neige ou en pluie. L'air, saturé au départ, est de l'air sec à l'arrivée. Les vents d'est ou de nord-est ont ce caractère dans le centre et le nord de la France. Les vents d'ouest ou de sud-ouest qui nous arrivent de l'océan Atlantique sont au contraire des vents humides, chargés des vapeurs formées à la surface de longues plaines maritimes, vapeurs qui se condensent en nuages épais sur le continent européen.

Les nuages, les brouillards, les brumes plus ou moins épaisses ou légères sont donc le produit de l'évaporation aqueuse à la surface du globe, des continents ou des mers.

Oui, cela est vrai. Mais il ne faut pas les confondre avec la vapeur d'eau elle-même, qui est toujours invisible dans l'atmosphère. Cette confusion, que les savants du dernier siècle faisaient encore, nous l'avons vu plus haut, existe toujours aujourd'hui dans l'esprit de bien des personnes qui n'ont pas une notion bien nette de la nature physique des gaz et de la vapeur, laquelle n'est autre chose qu'un liquide devenu gazeux sous l'influence d'un accroissement de température ou d'une diminution de pression.

La vapeur d'eau est un gaz d'une parfaite transparence, dont l'accumulation dans l'atmosphère ne produit immédiatement aucun trouble. Quand l'eau dont elle est formée devient visible sous l'apparence de nuages, de brouillards, c'est qu'une certaine quantité de cette vapeur s'est, pour une cause quelconque, condensée, a repassé à l'état liquide.

Il est vrai que, dans le langage ordinaire, le mot *vapeurs* s'entend fort bien de toute masse à forme indécise à laquelle sa légèreté spécifique permet de flotter dans l'air, comme la fumée. Ainsi le ciel est vaporeux quand il est chargé de nuages, ou quand l'atmosphère est troublée, dans sa transparence, par des brouillards. Par les temps froids, l'haleine des personnes, celle des animaux laisse échapper une légère traînée qu'on prend pour de la vapeur, tout comme le panache blanchâtre qui s'échappe par bouffée de la cheminée d'une locomotive. L'idée qu'on se fait ainsi est fausse; elle provient d'une locution inexacte. Dans tous les exemples que je viens d'indiquer, c'est bien la vapeur d'eau qui a donné naissance à la nuée plus ou moins blanche et plus ou moins opaque qu'on observe; mais ce qu'on voit n'est plus, à dire vrai, de la vapeur. C'est la réunion d'une multitude de gouttelettes très-fines, de particules d'eau très-ténues, qui quelquefois s'évaporent à nouveau, et d'autres fois se réunissent, se condensent davantage, tombent en pluie plus ou moins fine, quand le poids de chacune d'elles est devenu assez fort pour vaincre la résistance de l'air qui jusque-là les a supportées.

Pourquoi, quand on chauffe de l'eau dans un vase, voit-on une buée s'échapper à travers les fissures du couvercle? N'est-ce pas là le phénomène lui-même de l'évaporation, que suit d'ailleurs la vaporisation proprement dite, dès que la température de l'ébullition se trouvera atteinte? Oui, mais ces nuages qui s'élèvent à la surface de l'eau ne sont plus de la vapeur; celle-ci en traversant les couches d'air qui surplombent le vase, couches plus froides que l'eau, se condense immédiatement à cause du refroidissement qu'elle éprouve; elle se répand, en vertu de sa force expansive, dans l'espace environnant, où sa dissémination extrême la rend invisible. Mais alors, on peut observer le dépôt de gouttelettes humides sur les corps voisins,

et notamment sur la face interne du couvercle du
vase ; elles s'y accumulent en gouttes plus grosses
qui ruissellent.

Les remarques qui précèdent ont, pour l'explication et l'intelligence des phénomènes météorologiques, une grande importance. Ainsi encore, on
croit généralement que les temps de brume et de
brouillards sont ceux où l'air renferme la plus
grande quantité de vapeur d'eau. C'est le plus souvent une erreur. Ordinairement, les brouillards
coïncident avec une température assez basse, et
c'est l'air froid qui en condensant la vapeur rend
l'eau atmosphérique visible. L'air est très-hu-
mide, mais renferme fort peu de vapeur. Au contraire, en été, quand la température est élevée, la
vapeur existe dans l'air en quantité considérable,
comme il est aisé de le comprendre ; toute l'humidité, toute l'eau qu'il contenait s'est réduite en vapeur. Comme alors elle existe à l'état de gaz d'une
transparence parfaite, le ciel est pur, les objets
sont visibles au loin ; l'air est sec, parce que, grâce
à la chaleur, la vapeur d'eau est éloignée de son
point de saturation et ne se condense pas sous
forme de brume.

Voilà pour les régions inférieures de l'air. Dans
les régions supérieures, au contraire, éloignées du
sol et de la chaleur que le sol échauffé par le soleil communique de proche en proche aux couches
aériennes, il arrive que la vapeur d'eau, qui en
s'élevant de la terre, en se dilatant, s'est déjà refroidie, atteint des couches où la température de
saturation existe. La condensation de cette vapeur
produit les nuages, brouillards élevés qui sont

dans un état presque perpétuel de transformation. Tantôt ils se réunissent ou s'accroissent par une nouvelle condensation, selon les fluctuations incessamment variables des courants atmosphériques.

De là, les pluies, tantôt douces et continues, tantôt abondantes et violentes, les phénomènes des orages, la formation de la grêle, où l'électricité vient alors jouer son rôle.

La vapeur d'eau régulateur de la température.

Quantité moyenne de vapeur d'eau contenue dans l'air. — Cette quantité très-faible a une influence considérable sur les phénomènes météorologiques pluies tropicales. — La vapeur d'eau de l'atmosphère est un écran qui joue le rôle de régulateur de la température.

La quantité absolue de la vapeur d'eau que contient l'air en est toujours une très-petite fraction. Je viens de dire qu'elle varie beaucoup ; mais, si l'on considère la quantité moyenne, voici ce qu'elle est, d'après Tyndall. « L'oxygène et l'azote, dit-il, forment à eux seuls les 99 centièmes et demi de notre atmosphère (0.995). Sur les cinq autres millièmes, 45 centièmes sont de la vapeur d'eau (0.00225), le reste est de l'acide carbonique. »

Mais, quelque faible que paraisse cette proportion, il faut reconnaître que l'action de la vapeur d'eau atmosphérique est considérable. C'est à sa présence qu'est due la presque totalité de l'absorption de la chaleur rayonnante par l'atmosphère. C'est ce que le physicien dont nous venons de citer le nom, a mis en pleine évidence par une série d'expériences remarquables [1] Bornons-nous à

1. Voyez notamment la XIe leçon de son ouvrage sur *la Chaleur*.

citer les conséquences que Tyndall en tire pour l'explication de divers phénomènes de météorologie.

« Il importe, dit-il, de faire remarquer que la vapeur, qui absorbe si avidement la chaleur, doit aussi la rayonner abondamment. J'imagine que ce second fait doit jouer un très-grand rôle sous les tropiques. Nous savons que le soleil fait monter de l'Océan qui entoure l'équateur d'énormes quantités de vapeur, et que, immédiatement, dans la région des calmes, alors que le soleil darde encore ses rayons presque à plomb, la pluie, due à la condensation de cette vapeur, tombe à torrents. Jusqu'à présent, on attribuait ces pluies au refroidissement qui accompagne l'expansion de l'air ascendant, et il n'est pas douteux que ce refroidissement entre, comme cause réelle, et comme cause agissant proportionnellement à son intensité, dans l'effet de condensation des vapeurs tropicales. Mais je ne puis me défendre de penser que la radiation de ces mêmes vapeurs exerce aussi à son tour une influence considérable. Imaginez-vous une colonne d'air saturé s'élevant de l'Océan équatorial. Pendant un certain temps, ces vapeurs, mêlées à l'atmosphère, restent entourées d'air saturé. Elles rayonnent, mais leur radiation se fait de vapeur à vapeur ; et la vapeur est un écran particulièrement opaque pour les radiations issues de cette même vapeur. Donc, pendant un certain temps, la radiation de la colonne ascendante se trouvera empêchée ; ou, si l'on admet que cette colonne rayonne sa radiation lui sera rendue en grande partie par la vapeur environnante ; or, dans ces conditions,

la condensation en eau ne pourrait pas se produire. Mais la quantité de vapeur mêlée à l'atmosphère diminue rapidement à mesure qu'elle s'é-
lève ; car il est prouvé par les observations de
Hoocher, Strachy et Welsh, que la pression de la
vapeur contenue dans l'air diminue beaucoup plus
rapidement que celle de l'air, quand la hauteur
augmente. Notre colonne d'air aura donc bientôt
dépassé l'écran d'air saturé qui la protégeait, et qui,
durant la première partie de son ascension, s'éten-
dait au-dessus d'elle. Elle est maintenant en présence de l'espace vide, auquel elle cède sa chaleur
sans obstacle ou sans compensation. Comment ne
pas attribuer en partie à cette perte de chaleur la
condensation de la vapeur et sa chute torrentielle
en eau qui inonde la terre ? »

Tyndall rend, de la même manière, compte de la
formation des *cumulus* sous nos latitudes ; de l'action des montagnes qui sont des condenseurs de
la vapeur d'eau, parce que n'ayant pas leurs sommets préservés par un écran d'air saturé, elles
rayonnent dans l'espace leur propre chaleur, qui
se perd sans compensation. De plus, sur leurs
flancs, se produisent des courants d'air humide et
le travail d'ascension de ces masses s'accomplit
aux dépens de leur chaleur ; quand, après ce premier refroidissement, les masses aériennes arrivent à une hauteur où leur rayonnement a lieu en
toute liberté, elles se refroidissent encore.

La vapeur d'eau est donc pour l'atmosphère, par
sa propriété absorbante, un écran préservateur qui
empêche le sol de se refroidir avec rapidité. Sans
elle « la différence entre les maxima et les minima

mensuels de température deviendrait énorme. Les
hivers du Thibet sont presque insupportables pour
la même raison…. La seule absence du soleil pendant la nuit produit un refroidissement considérable partout où l'air est sec. La suppression,
pendant une seule nuit d'été, de la vapeur d'eau
contenue dans l'atmosphère qui couvre l'Angleterre
serait accompagnée de la destruction de toutes les
plantes que la gelée fait périr. Dans le Sahara, où
le sol est de feu et le vent de flamme, le froid de la
nuit est souvent très-pénible à supporter. On voit,
dans cette contrée si chaude, de la glace se former
pendant la nuit. En Australie aussi, l'excursion
diurne du thermomètre est très grande ; elle atteint ordinairement 40 à 50 degrés. On peut, en un
mot, prédire à coup sûr que partout où l'air sera
sec, l'échelle des températures sera très considérable. Une grande transparence pour la lumière est
parfaitement compatible avec une grande opacité
pour la chaleur ; l'atmosphère peut être chargée
de vapeur d'eau sous un ciel d'un bleu foncé, et,
s'il en est ainsi, la radiation terrestre serait inter-
ceptée malgré la transparence parfaite de l'air. »

On voit qu'ici Tyndall entend, par *air sec,* de
l'air privé de vapeur d'eau, et il faut se rappeler
que l'air très-chargé de vapeur est très-pur au point
de vue de la transparence et nous semble sec,
comme il l'est en effet au point de vue de la sensa-
tion produite au contact sur notre peau.

C'est le même physicien qui a fait sur la coloration bleue du ciel de belles recherches tendant à
prouver que cette coloration est due à la vapeur
d'eau atmosphérique.

Mais le but principal que nous avons en vue n'est pas d'étudier la vapeur dans les phénomènes auxquels elle donne naissance au sein de l'atmosphère ; c'est là une question qui intéresse la météorologie. C'est la vapeur considérée comme source de mouvement, ce sont ses applications à l'industrie humaine qui font l'objet de ce volume. Revenons donc à ce sujet important.

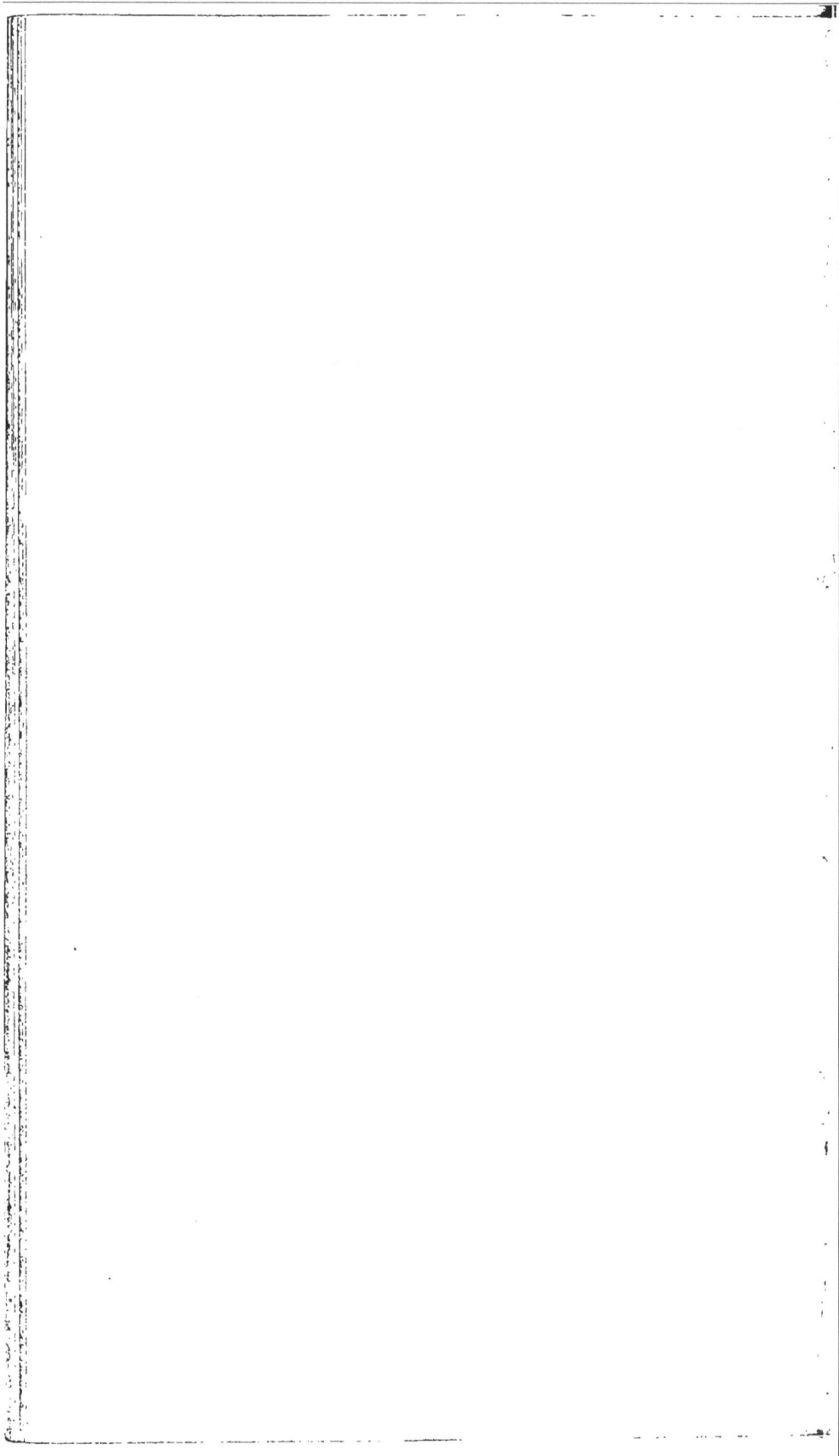

DEUXIÈME PARTIE

LA MACHINE A VAPEUR

I

LA VAPEUR, FORCE MOTRICE

Connaissance des anciens sur la force expansive de la vapeur ; éolipyle de Héron d'Alexandrie. — Appareil de Salomon de Caus, pour l'élévation de l'eau. — Principe et dispositions fondamentales de la machine à vapeur moderne.

Les anciens connaissaient la force élastique de la vapeur d'eau. Sans avoir de notions nettes, précises de ses propriétés physiques — on a vu que les inventeurs modernes n'étaient pas au début beaucoup plus avancés — ils avaient cherché à tirer parti de cette force.

C'est ainsi que Héron d'Alexandrie inventa la machine à laquelle on a donné le nom d'*éolipyle* et divers appareils où l'action de l'air comprimé ou dilaté était en jeu. On va voir, en effet, que le mouvement de l'éolipyle avait bien pour cause la force expansive de la vapeur, mais agissant d'une tout autre façon que dans les modernes machines à vapeur.

C'était une marmite ou chaudière en partie pleine d'eau, placée sur un foyer et fermée par un couvercle. Sur celui-ci, un tube creux et recourbé,

Fig. 18. — Éolipyle de Héron. (120 av. J.-C.)

muni d'un robinet, allait soutenir, en la pénétrant, une sphère creuse métallique, qu'un autre montant égal soutenait extérieurement à l'extrémité du même diamètre. La sphère était donc mobile autour de ce diamètre ou axe.

Deux autres tubes creux et recourbés partaient de la surface de la sphère aux extrémités d'un diamètre perpendiculaire à l'axe. Ceci posé, on va comprendre l'action motrice de la vapeur dans ce petit appareil. On ouvre le robinet ; la vapeur monte de la chaudière dans le tube creux et em-

LA VAPEUR, FORCE MOTRICE. 77

plit la sphère métallique. Si celle-ci n'était percée
d'aucune ouverture, elle resterait immobile, mais
la vapeur qui tend à presser la surface intérieure
de la sphère avec la même force en tous ses points,
trouvant deux issues, s'échappe avec bruit en se
condensant dans l'air ; la réaction, qui lui aurait
fait équilibre au cas de la fermeture complète,
s'exerce donc en sens contraire, et la sphère tourne
avec plus ou moins de rapidité dans un sens opposé à celui de la sortie de la vapeur.

L'*éolipyle* (nom qui signifie *porte d'Éole* ou *porte
de l'air*) est, comme on voit, une machine où la
force élastique de la vapeur agit par réaction. Ce
n'a jamais été d'ailleurs qu'un jeu de physique
amusante, bien qu'il ait fixé l'attention des savants
et des expérimentateurs des siècles qui ont précédé
Papin, et qu'on l'ait décrit en proposant de l'utiliser pour faire marcher des tournebroches.

L'appareil décrit par Salomon de Caus, dans son
opuscule : *les Raisons des forces mouvantes* (1605),
est un exemple d'une application plus directe de
la force expansive de la vapeur. De l'eau est introduite par le robinet D dans la sphère creuse A,
qu'on place sur le feu, après avoir fermé le robinet
d'introduction. Un tube BC passe par une autre
ouverture B et descend dans l'eau sans toucher le
fond. Quand la vapeur s'est formée en assez grande
quantité et que sa tension est assez forte, on ouvre
le robinet B et l'eau, pressée à sa surface intérieure
par la force élastique de la vapeur, est projetée
au dehors par le tube.

Le récit complet et détaillé de toutes ces tentatives, de ces ébauches mécaniques où l'on cher-

chait à utiliser diverses forces naturelles, celles de
l'air dilaté ou comprimé, et celle de la vapeur, a
un intérêt qui n'est point douteux pour l'histoire
des progrès des applications de la science humaine.
Mais tout cela ne devient sérieusement instructif
qu'à l'époque où la physique, sortant de la phase
des explications subtiles et infécondes, est entrée

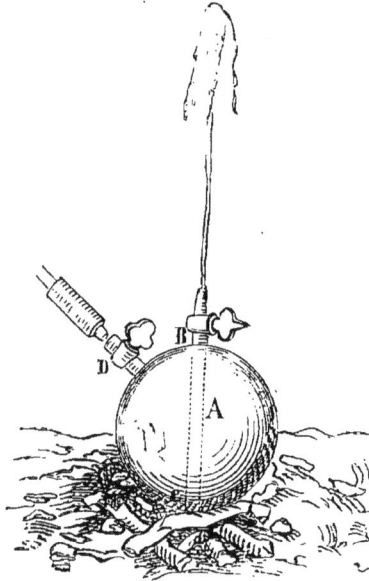

Fig. 19. — Appareil de Salomon de Caus

dans la voie de l'expérience, sous l'impulsion des
Galilée, des Boyle, des Huyghens.

La machine à vapeur ne pouvait naître, et surtout ne pouvait recevoir les perfectionnements qui
en firent un véritable moteur industriel, que dans
le siècle qui avait vu découvrir les propriétés de
l'air, la machine pneumatique, le baromètre et le
thermomètre.

C'est en se pénétrant bien de la réalité de ces rapports intimes qui unissent toujours les conquêtes de la science et celles de l'industrie, qu'on se fera une idée juste de l'importance de la grande révolution qu'inaugura la découverte de la machine à vapeur de Papin. La meilleure preuve de la nécessité de ce concours de la théorie et de la pratique, c'est le temps qui s'écoula entre les essais et la publication des ouvrages de Papin, entre la première réalisation de son idée par Savery et Newcomen, et l'invention des machines à double effet par Watt, les premières machines à vapeur dont l'application à l'industrie fut véritablement universelle.

Maintenant encore, après tant de progrès dans la science et de perfectionnements dans l'art de la construction des machines, on ne peut espérer d'amélioration ou de transformation sérieuse qu'en prenant pour point de départ et pour guides les lois qui régissent les phénomènes calorifiques et auxquelles la machine à vapeur emprunte le principe de son mouvement.

Voyons donc, le plus sommairement et le plus clairement possible, quel est ce principe, et du même coup disons de quels organes essentiels la machine à vapeur est composée.

D'abord et avant tout, il faut songer à développer la force, c'est-à-dire à produire et à recueillir une certaine quantité de vapeur d'eau. C'est à quoi on parvient en faisant chauffer sur un foyer une marmite ou chaudière remplie d'eau, du moins en partie.

C'est le *générateur de vapeur*, l'une des trois parties essentielles ou constitutives de la machine. Nous verrons bientôt les détails de sa structure, les conditions de solidité et de résistance qu'elle doit offrir, sa capacité, sa forme, etc., tous les éléments qui sont susceptibles de lui faire produire en toute sécurité et avec économie la vapeur, cause du mouvement.

De la chaudière la vapeur passe dans une capa-

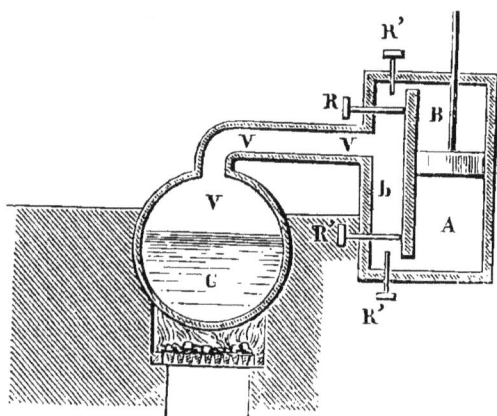

Fig. 20. — Organes essentiels de la machine à vapeur moderne.

cité de forme cylindrique partagée en deux par un piston mobile : c'est là que, par des dispositions dont la description sera donnée incessamment, la vapeur agit, tantôt d'un côté, tantôt de l'autre du piston, de manière à lui imprimer un mouvement alternatif, ou de va-et-vient, mouvement qui est l'objet direct de la machine.

Le cylindre, le piston et les pièces accessoires qui distribuent la vapeur dans les deux chambres du cylindre constituent la partie de la machine formant le *mécanisme moteur* : c'est la machine proprement dite, dont le jeu ne serait d'ailleurs pas bien compris, si je n'entrais encore dans quelques détails.

Considérons la figure 20, qui représente la machine à vapeur réduite à ses organes essentiels.

C'est le générateur, où l'eau se transforme en vapeur en remplissant l'espace situé au-dessous de l'eau dans la chaudière, ainsi que le tuyau VV. Ce tuyau conduit le gaz élastique dans une capacité B contiguë au cylindre, et qu'on nomme la boîte à vapeur.

Deux robinets RR permettent à la vapeur, quand l'un ou l'autre est ouvert, d'arriver soit à la chambre supérieure B, soit à la chambre inférieure A du cylindre. Supposons d'abord le robinet supérieur ouvert et l'autre fermé. La vapeur passe en B, où elle presse le piston et tend à lui imprimer un mouvement descendant dans le cylindre. Qu'on ferme alors le robinet supérieur et qu'on ouvre l'autre, la vapeur passera en A, où elle agira sur le piston par sa face inférieure et tendra à le faire remonter.

Mais là se présente une difficulté : si la vapeur se trouvait à la fois en A et en B, comme sa force élastique est la même des deux côtés, son action sur la face inférieure du piston compenserait exactement son action sur la face supérieure, et le mouvement ne serait pas produit.

Il fallait donc trouver le moyen d'annuler sa force élastique dès qu'elle a pu exercer son action, et cela alternativement dans les deux chambres du cylindre. On y parvient en ouvrant successivement les robinets R' R'; chacun d'eux est adapté

dans une ouverture par où la vapeur est mise en
communication avec un espace vide d'air, qui contient de l'eau froide, et dont les parois sont elles-
mêmes à une basse température. Cet espace n'est
pas figuré dans notre dessin. Dès que le fluide
pénètre dans cet espace qu'on nomme le *condenseur*, elle se précipite à l'état liquide presque tout
entière, et ce qui en reste n'a plus qu'une tension
très-faible, de beaucoup inférieure à la tension
que possède la vapeur soit dans la chaudière, soit
dans le cylindre. Cette disposition est nécessaire
dans les machines où la vapeur n'agit qu'avec
une tension peu supérieure à la pression atmosphérique. Quand la vapeur a une tension égale à
plusieurs atmosphères, le condenseur n'est plus
indispensable : la condensation se fait à l'air libre.

Il est aisé alors de voir que, dans chacun de
ces cas, la difficulté signalée se trouve vaincue;
car imaginons le robinet supérieur R ouvert et
l'inférieur fermé, tandis que le robinet supérieur
R' est fermé et l'inférieur ouvert. La vapeur afflue
en B, où elle exerce son action; celle que renfer-
mait A se condense et le vide se fait sous le piston
qui descend jusqu'au bas du cylindre.

A ce moment, le jeu des robinets est renversé.
La vapeur de la chaudière pénètre en A ; celle de
B se condense et le piston est soulevé de bas en
haut. Ainsi, indéfiniment.

Voilà donc, dans son principe et ses dispositions
fondamentales, la machine à vapeur moderne. Un
mouvement rectiligne alternatif, déterminé par
l'action de la force élastique de la vapeur dans un
cylindre fermé de toutes parts, action qui cesse

brusquement dès que la même vapeur s'est condensée par le refroidissement. Le mouvement obtenu, il ne s'agit plus que de lui faire produire un
effet utile, en le transformant de mille manières
selon les besoins de l'industrie, selon l'espèce
d'application qu'on en veut faire, en lui demandant par exemple tantôt de la puissance, tantôt de
la vitesse, tantôt la vitesse et la puissance réunies.
Le mécanisme qui opère cette transformation est
le troisième élément que nous aurons à étudier
pour compléter la description de la machine à
vapeur, de sorte que l'on peut résumer ainsi
tout l'objet de la partie technique de ce livre :

Le générateur ou la chaudière ;
Le récepteur ou mécanisme moteur et le mécanisme
  de distribution;
Le mécanisme de transmission.

Ces préliminaires suffisent pour comprendre la
différence que je signalais au début de ce chapitre
entre les éolipyles ou autres appareils dans lesquels on utilisait d'une certaine manière la force
élastique de la vapeur, et le véritable moteur qui
a révolutionné l'industrie moderne : dans celui-ci
seulement, on utilise directement la double propriété que possède la vapeur d'eau, la force avec
laquelle elle presse les parois du vase qui la
renferme, et la brusque condensation, l'annulation de cette force quand la vapeur se trouve
subitement mise en communication avec un vase
vide d'air et rempli d'eau froide.

A la vérité, les premières machines à vapeur,
celles qu'avaient conçues d'abord Papin, celles

que construisirent ses successeurs n'étaient point
aussi complètes que la machine dont nous venons d'étudier le principe. La force élastique de
la vapeur n'était utilisée que comme contre-poids
de la pression de l'atmosphère sur le piston.
C'est le vide déterminé par la condensation de la
vapeur qui, dans la période descendante, rendait
prépondérante la pression extérieure et permettait
à celle-ci de donner de haut en bas le mouvement
du piston. C'était là l'action directement utile
qu'on se proposait d'obtenir pour faire mouvoir
les pompes d'épuisement des mines. En un mot,
la vapeur n'était employée que comme un moyen
de produire le vide : elle agissait indirectement
comme moteur. Le génie de Watt la transforma
en moteur universel.

Mais nous reviendrons plus tard sur ces dis-
tinctions importantes.

Il est temps d'aborder en détail la machine à
vapeur, telle que l'a faite un siècle d'incessants
progrès dus aux sciences physiques et à l'art des
constructions mécaniques.

II

LA CHAUDIÈRE OU LE GÉNÉRATEUR DE VAPEUR

Métamorphose des rayons solaires : la force vive, emmagasinée dans les végétaux de l'époque houillère, se dégage aujourd'hui d'un bloc de charbon
en combustion ; elle est l'âme de la machine à vapeur. — Description d'une
chaudière à bouilleurs. — Chaudière et bouilleurs. — Le foyer, les carneaux, la cheminée. — Épaisseur des parois du corps cylindrique.

Une marmite en fonte, bien close, remplie d'eau
aux trois quarts et bouillant au-dessus d'un feu
ardent, voilà en deux lignes la définition de l'appareil producteur de vapeur, qu'on nomme tout
simplement la *chaudière*.

Si la chaudière n'est point la partie la plus originale, la plus curieuse d'une machine à vapeur,
du moins est-ce la plus importante, celle qui
peut-être exige le plus de science dans les devis et
la construction, le plus de soins et de surveillance
dans le fonctionnement et dans l'entretien. N'est-ce
pas dans son sein d'ailleurs que s'élabore la force
motrice, la puissance élastique de la vapeur, dont
la source première est cachée dans cette masse
noirâtre qu'on appelle un morceau de charbon ?

Cette houille, en effet, que craignent de toucher des mains délicates, c'est la substance, lentement distillée au fond des couches souterraines de l'écorce du globe, des végétations qui en couvraient la surface il y a quelque dix mille années. Cette substance fut jadis arbre splendide, au tronc brillant, au feuillage magnifique tissé par la lumière, car la science aujourd'hui nous apprend que c'est sous l'influence vivifiante, féconde, des rayons du soleil que les plantes décomposent l'acide carbonique de l'air, laissent s'échapper l'oxygène et fixent le carbone dont leur tissu est en partie formé. Ainsi se sont emmagasinés des trésors de force dans les entrailles du globe; revenues au jour, le travail de l'homme transforme de nouveau ces forces cachées, en tire la chaleur et la lumière, et, faisant subir à ce mode de mouvement une dernière transformation, il en communique les vibrations à l'eau. Celle-ci, devenue vapeur, va précipiter à son tour ses atomes contre les parois mobiles de l'enceinte où elle est emprisonnée; à partir de cet instant, le mouvement et le travail auront succédé à la lumière ou à la chaleur jadis empruntées elles-mêmes à la source commune, au soleil.

Rien de plus simple à définir que la chaudière, ou le générateur de vapeur : nous l'avons vu. Mais autre chose est de la définir, autre chose est de la décrire, c'est-à-dire d'en dessiner à l'esprit les dispositions d'ensemble et les détails, sous les formes compliquées et variées que la chaudière a prises depuis l'origine et qu'elle conserve encore dans les divers types de machines à vapeur en usage aujourd'hui.

Ces formes sont si nombreuses que je ne chercherai pas même à les énumérer toutes : il sera bien suffisant, pour le but que je me propose, de faire comprendre en quoi se ressemblent et en quoi diffèrent les systèmes principaux. Mais avant d'en arriver là, faut-il encore connaître d'une façon précise un exemplaire de l'un d'entre eux. Je prendrai la chaudière la plus généralement adoptée dans les usines où l'on emploie des machines construites, installées à demeure, là même où elles fonctionnent.

Entrons, si vous voulez bien, dans une grande usine, et de préférence dans celle d'un constructeur de machines. Là, nous verrons fonctionner la machine elle-même; nous examinerons la chaudière en activité. Puis, pour la disséquer, pour étudier tous les organes de l'appareil, nous les verrons isolément au moment où ils sortent de l'atelier de fabrication.

Nous voici devant le grand bâti en maçonnerie sous lequel est renfermé le corps principal de la chaudière. A l'extérieur, vous voyez deux plaques circulaires qui dépassent le niveau du mur et indiquent la place des *bouilleurs*. Immédiatement au-dessous se trouve la porte du foyer, par où s'introduit le combustible, puis plus bas l'ouverture du cendrier, par laquelle on enlève les scories, escarbilles, etc., que laisse échapper la grille.

Pour procéder avec plus de clarté dans notre examen, distinguons tout de suite dans notre

chaudière deux parties bien distinctes : le fourneau et la cheminée d'une part, c'est-à-dire le
foyer, la grille, le cendrier, les conduits des gaz
de la combustion ; et, d'autre part, la chaudière

Fig. 21. — Chaudière à deux bouilleurs d'une machine à vapeur.
Vue extérieure.

proprement dite, ou le vase dans lequel l'ébullition réduit l'eau en vapeur, avec tous ses organes
et appareils accessoires, indicateurs, soupapes de
sûreté, manomètres, etc.

Mais avant de décrire en détail chacune de ces

deux parties de l'appareil producteur de vapeur,
faisons voir comment ils sont agencés l'un par
rapport à l'autre.

A la partie supérieure du bâti 'de maçonnerie
repose un grand vase en tôle, de forme cylindrique dans toute sa longueur, terminé aux deux

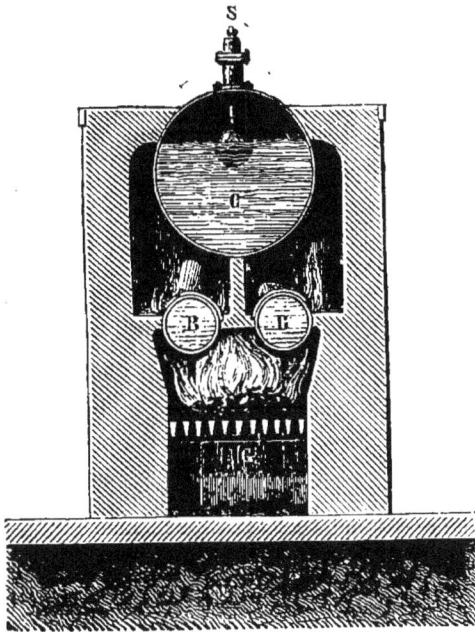

Fig. 22. — Chaudière à deux bouilleurs, coupe transversale.

bouts par deux fonds hémisphériques. C'est le
corps de la chaudière la plus volumineuse, celle
qui contient la plus grande masse de l'eau à vaporiser. Les figures 22 et 23 la montrent en CCC,
en coupe longitudinale et en coupe transversale.

Au-dessous du corps principal, on voit deux,
quelquefois trois longs tubes également cylin-

driques, BB, qui communiquent avec lui par des tubulures nommées *évents* ou *culottes*.

Ces *bouilleurs*, entièrement remplis d'eau, sont directement placés au-dessus du foyer, dont les flammes lèchent d'abord leur surface extérieure, et c'est évidemment dans leur sein que l'ébullition a lieu tout d'abord ou que se forment les premières bulles de vapeur. Leur nom de bouilleurs est donc bien justifié. .

Les deux figures ci-jointes indiquent avec assez de clarté les positions et les dimensions du foyer, de la grille, du cendrier, pour que je n'aie pas besoin d'en parler autrement.

Quant à la cheminée, on la voit à sa base et l'on peut suivre la fumée et les gaz de la combustion, depuis leur origine, au-dessus du foyer, jusqu'à cette base, à travers les conduits ou *carneaux cc*, qui se trouvent ménagés entre les bouilleurs, le corps principal de la chaudière et la maçonnerie qui les enveloppe.

Il faut remarquer la disposition de ces carneaux : celui qui est au-dessous des bouilleurs force la flamme et les gaz chauds à marcher jusqu'au fond du fourneau et à échauffer directement d'abord les bouilleurs eux-mêmes. Arrivés là, les gaz montent à l'un des deux carneaux latéraux supérieurs; ils cèdent encore de la chaleur qu'ils ont conservée à la paroi de la chaudière avec laquelle ils sont en contact. Enfin, un troisième trajet les fait passer dans l'autre carneau latéral pour s'échapper dans la cheminée.

Le but qu'on se propose d'atteindre de la sorte est aisé à comprendre. Il s'agit d'utiliser, autant

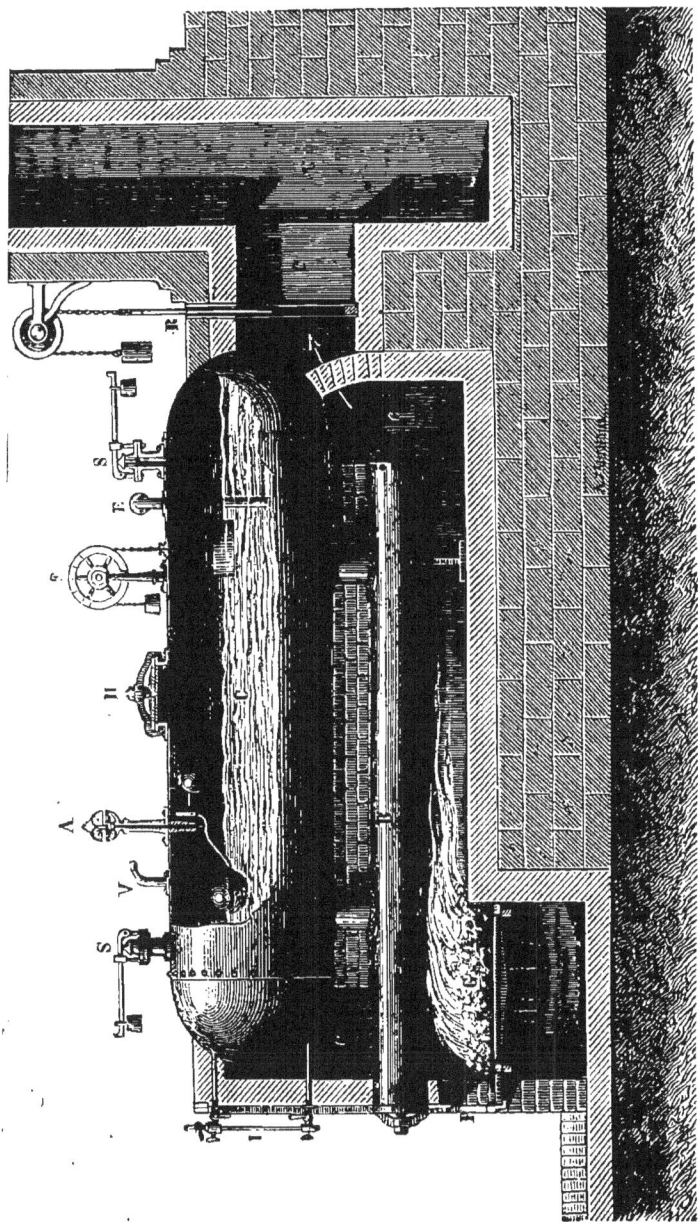

Fig. 23. — Chaudière à deux bouilleurs, coupe longitudinale.

A, flotteur et sifflet d'alarme; B, bouilleur; C, corps de la chaudière; E, tuyau d'alimentation; F, flotteur indicateur de niveau; F', flotteur indicateur de niveau, à cadran; H, trou d'homme pour le nettoyage; SS, soupapes de sûreté; R, registre de tirage; U, cheminée; V, tuyau de prise de vapeur; c c, carneaux; I, indicateur de niveau; F, foyer; P, porte du foyer.

que possible, la chaleur qui émane du foyer, soit par le contact et l'action directe de la flamme, soit par celle des gaz de la combustion, lesquels, n'étant plus incandescents, n'en conservent pas moins une énorme quantité de chaleur. Or cette chaleur serait dépensée en pure perte, si, en sortant du foyer, les gaz avaient la liberté de gagner immédiatement l'atmosphère.

C'est une préoccupation du même genre qui a fait imaginer les bouilleurs. Les anciennes et primitives chaudières étaient hémisphériques à leur partie inférieure; elles ne présentaient qu'une faible surface à l'action du foyer, eu égard à la masse de l'eau qu'il fallait vaporiser : elles n'avaient qu'une faible surface de chauffe. Augmenter la surface de chauffe des chaudières a été l'un des premiers progrès auquel les constructeurs de machines (Watt le premier) ont dû songer. C'était tout simplement économiser le combustible, problème dont la solution, après bien des recherches heureuses, bien des progrès réalisés, est encore le *desideratum* des industries qui emploient la vapeur.

J'insiste sur cette question capitale.

On peut la formuler en ces termes : produire la plus grande quantité de vapeur, à une pression ou tension déterminée, en usant la moindre quantité possible de combustible. Tous les organes d'une machine concourent à ce but, à peu d'exceptions près ; on conçoit que la chaudière, qui est le générateur de la vapeur, ait par sa forme, ses dimensions relatives, les dispositions de son fourneau, de sa cheminée, etc., une influence prépondérante.

Il semble, d'après ce que nous venons de dire, que si les gaz de la combustion pouvaient, en arrivant à la base de la cheminée, être refroidis à une température égale à celle de l'air extérieur, par exemple, il y aurait tout bénéfice, puisque la chaleur du foyer ou du combustible serait à peu de chose près entièrement utilisée. Mais cela n'est pas possible malheureusement ; ou plutôt, si l'on obtenait ce résultat, le tirage ou le renouvellement de l'air nécessaire à l'entretien de la combustion cesserait ; du moins, serait-il considérablement ralenti. La houille brûlant mal, la chaleur du foyer n'étant plus suffisamment intense, les gaz d'hydrogène *proto* et *bi-carbonés*, qui se dégagent en grande abondance du combustible, ne pourraient eux-mêmes brûler complétement. Ce sont eux qui forment la fumée épaisse et noire qu'on voit sortir si intense, toutes les fois qu'une quantité un peu considérable de combustible frais est introduite dans le foyer qu'elle refroidit.

Les gaz chauds, en s'échappant dans la cheminée, servent donc à activer le tirage ; c'est une dépense, nécessaire dans une certaine limite, bien qu'elle n'ait pas pour résultat direct l'échauffement de l'eau, sa transformation en vapeur. C'est ainsi que, souvent dans la pratique industrielle, une innovation qui semble un progrès, quand on l'envisage sous une face, est un recul, considérée sous un autre point de vue.

C'est le moment de dire un mot de la cheminée, qui joue un si grand rôle dans le tirage. Plus la cheminée d'une chaudière est haute, la section restant la même ainsi que les autres conditions de la

combustion, plus le tirage est actif : pas dans la
proportion ordinaire toutefois, il s'en faut ; ainsi , voudrait-on obtenir un tirage d'intensité *double*, il faudrait *quadrupler* la hauteur de la cheminée ; *triple*, il faudrait la multiplier par 9. En un mot, la hauteur croît comme les carrés[1] de l'intensité du tirage.

Si le tirage dépend de la hauteur de la cheminée, il dépend aussi du volume d'air dont celle-ci permet le passage , c'est-à-dire de la surface de sa section. D'après une règle donnée par Darcet, si la hauteur de la cheminée est 20 mètres, ou 30 mètres, la section devra avoir autant de fois

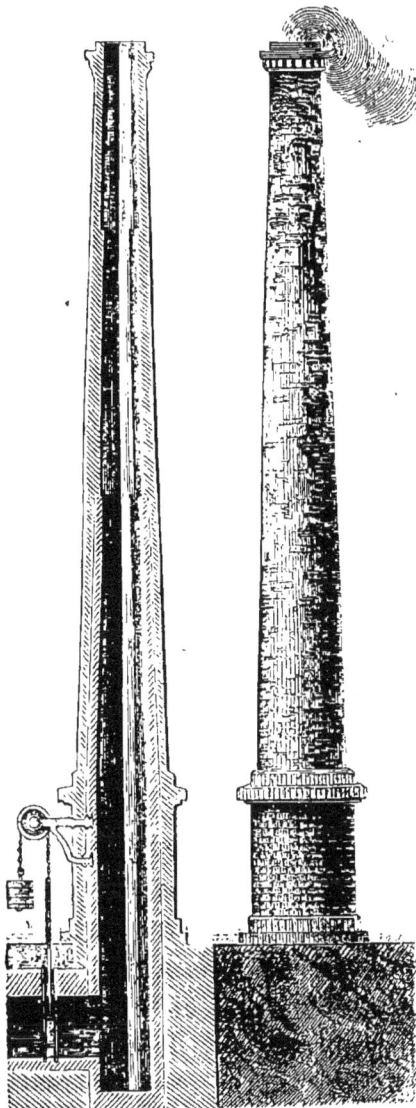

Fig. 24. — Cheminée de machine à vapeur; vue extérieure et coupe.

1. Les nombres 4, 9, 16, 25, — sont dits les carrés des nombres 2, 3, 4, 5.

1 décimètre carré de surface qu'on doit brûler de fois par heure 4, 5, ou 6 k. de houille. De sorte que la section d'une cheminée de 20 mètres de hauteur devra être égale à $\frac{180}{45}$ ou à 40 décimètres carrés, si le foyer doit consumer en une heure 180 kilogrammes de houille. Son diamètre intérieur, si elle est ronde, devra être égal à 0^m,71 ; si elle est carrée, le côté aura 0^m,63.

Dans certaines circonstances, il faut modérer le tirage. On y parvient de la façon la plus simple, au moyen d'un *registre* ou valve mobile, qu'on voit dans les figures 23 et 24, et à l'aide duquel on diminue à volonté l'ouverture que la cheminée offre à la fumée et aux gaz de combustion.

Il n'y a pas jusqu'à la grille, à la forme et aux dimensions de ses barreaux, des interstices qu'ils laissent entre eux, qui ne soient des éléments de grande importance pour le bon fonctionnement d'un fourneau, pour l'activité du feu, et par suite pour la vaporisation de l'eau, dans son rapport avec la dépense de combustible. Tout cela doit être calculé, disposé, agencé, à la fois d'après les données de la science et de l'expérience.

Je ne veux point ici, on le comprend, donner des formules, mais essayer seulement de faire saisir l'importance de ces petits détails dont aucun ne peut être négligé. Ainsi, la largeur et la longueur de la grille ne peuvent dépasser, la première, la largeur même de la chaudière, la seconde, une limite (au maximum 2 mètres) au delà de laquelle le travail du chauffeur deviendrait impossible.

Pour en finir avec le fourneau de la machine à vapeur, je dirai un mot, très-court, sur une question qui a fait un certain bruit dans l'industrie. Je veux parler de la possibilité d'obtenir ce qu'on appelle un foyer *fumivore*. C'est une mauvaise expression que ce mot de fumivore, car jamais un foyer qui produit de la fumée ne s'en débarrasse, ne la détruit qu'en l'expulsant par la cheminée ou par la porte du foyer, ce qui, dans ce dernier cas, provient d'un tirage défectueux. La vraie question est celle-ci : installer un foyer dans lequel il ne se produise pas de fumée, ou, pour parler plus juste, dans lequel les gaz se dégageant du combustible soient brûlés le plus complétement possible. Quand le tirage ne fournit pas une quantité d'air assez abondante, les carbures d'hydrogène incomplétement brûlés s'échappent sous l'aspect d'une fumée noire et épaisse, très-désagréable, très-malpropre, mais dont les propriétaires de l'usine tiennent à se passer pour une raison plus positive, à savoir, parce que c'est le meilleur de la houille qui se perd ainsi sans avoir produit de chaleur.

Mais cet inconvénient grave du défaut de combustion peut se produire encore, alors même qu'il n'y a pas de fumée. La houille, outre les carbures hydrogénés dont nous venons de parler et qui se décomposent les premiers, aussitôt que la combustion s'opère, renferme du carbone que l'oxygène transforme en oxyde de carbone, puis en acide carbonique, si le tirage fournit une quantité d'air suffisante. Si le tirage est mauvais, l'oxyde de carbone s'échappe sans avoir été brûlé complétement, et il peut y avoir perte considérable de chaleur, malgré l'absence de fumée.

Que résulte-t-il de là ? C'est qu'un foyer dit *fumi-*

vore n'est pas nécessairement économique. Il est fort possible, en activant le tirage par des dispositions convenables de la grille, qu'on évite la production de la fumée ; mais comme en même temps, le courant ascendant plus énergique entraîne une plus grande quantité de gaz à une température encore élevée, la perte peut dépasser le gain.

Laissons donc les appareils imaginés dans le but d'obtenir des foyers fumivores. Le nombre de ces inventions souvent ingénieuses a été fort grand : aucun d'eux n'est adopté dans la pratique courante.

Revenons à notre chaudière.

J'ai montré quelle est la forme d'ensemble du corps principal et des bouilleurs. Ceux-ci sont remplis entièrement par l'eau qui s'élève dans le corps de la chaudière jusqu'à une certaine hauteur. L'espace libre qui surmonte le niveau de l'eau est celui que remplit la vapeur, avant d'aller exercer son action sur les organes de la machine : on le nomme pour cette raison *réservoir* ou *chambre de vapeur*.

La chambre de vapeur doit avoir, avec la capacité de la chaudière, un rapport de grandeur qu'on fait ordinairement égal à un tiers dans la pratique. En d'autres termes, si le volume de l'eau est 8 ou 9, celui de la chambre est à peu près égal à 3, l'unité représentant, dans ce cas, la quantité d'eau consommée par heure, c'est-à-dire vaporisée. La raison du grand espace donné au réservoir vient de la nécessité de sécher le plus possible la vapeur formée ; celle-ci entraîne presque toujours avec elle des gouttelettes liquides dont il faut éviter l'introduction dans le cylindre : nous verrons bientôt pourquoi.

Quant à la proportion qu'on donne à la capacité totale de la chaudière, relativement à la quantité de vapeur qu'elle doit fournir en une heure, pendant le fonctionnement normal, elle est basée sur l'intérêt qu'il y a à ne point faire varier trop vite la température; c'est ce qui arriverait, si l'alimentation périodique de la chaudière (laquelle se fait le plus souvent avec de l'eau froide) introduisait à la fois une trop grande quantité de liquide.

La force prodigieuse que récèle la vapeur d'eau portée à une haute température et dont les effets s'exercent tout d'abord sur les parois intérieures de la chaudière, exige de la part de celles-ci une puissance de résistance qu'on n'obtient point sans certaines conditions de forme, d'épaisseur, de qualité des matériaux employés.

La meilleure forme, au point de vue de la résistance, est la forme cylindrique, qu'on termine aux deux bases par des fonds de forme sphérique. La matière adoptée généralement est la tôle de fer de première qualité, boulonnée avec le plus grand soin et la plus grande solidité. Il paraît qu'on commence à substituer l'acier au fer, mais dans certaines parties de la chaudière seulement: c'est avant tout une question de prix de revient.

Il y a quelques années, des ordonnances officielles réglaient les épaisseurs des tôles d'après les pressions moyennes, évaluées en atmosphères, que chaque chaudière était appelée à supporter. Aujourd'hui, les prescriptions de ce genre sont abandonnées et remplacées par une épreuve officielle à laquelle chaque constructeur est tenu de soumettre ses appareils ; néanmoins, il est bon de connaître la règle en question, que les mécaniciens utilisent toujours, par mesure de prudence. La voici :

L'épaisseur était évaluée à $0^m,003$, auxquels on ajoutait le produit de $1^{mm},8$ par le nombre d'atmosphères et par le diamètre de la chaudière, mesuré en mètres et fractions de mètre. Appliquons cette règle à une chaudière de $1^m,20$ de diamètre, destinée à supporter une pression de 4 atmosphères et demie. L'épaisseur de la tôle sera :

$3^{mm} + 1^{mm},8 \times 1,20 \times 4,5$, c'est-à-dire $3^{mm} + 9^{mm},72$ ou en tout 12 millimètres 7 dixièmes.

Quand toutes ces conditions de fabrication sont remplies, peut-on du moins assurer qu'un générateur peut donner toute sécurité à l'usine où il est en fonction, et qu'une de ces explosions, dont trop souvent on lit dans les journaux les effets lamentables, n'est point à craindre ? La réponse à cette question est dans les récits mêmes auxquels je fais ici allusion. Presque toutes les chaudières sont construites dans les conditions qu'on vient d'énumérer ; toutes subissent l'épreuve officielle ; et, cependant, il en est qui ne peuvent résister à la terrible force expansive de la vapeur. Je reviendrai spécialement sur les causes de ces accidents.

Pour le moment, il s'agit d'achever la description et la revue des organes de notre chaudière.

Les appareils de sûreté.

Indicateurs du niveau d'eau ; tube de cristal ; flotteurs d'alarme et flotteur magnétiques ; indicateur à cadran. — Les soupapes de sûreté.

Nous avons supposé la chaudière convenablement remplie d'eau qui, chauffée à la température nécessaire, fournit dans le réservoir une certaine quantité de vapeur possédant une pression qui varie selon les machines.

Cette vapeur va gagner, par un conduit, les organes du mouvement de la machine, ceux que nous étudierons incessamment. Là, elle travaille et se perd (nous dirons comment) ; de sorte que la chaudière doit incessamment fournir de la vapeur nouvelle. Pour cela, il faut remplir deux conditions : l'alimenter et la chauffer. On voit que les machines sont comme les bêtes ou les gens, qui ne travaillent qu'autant qu'on les nourrit.

Il faut renouveler le combustible, c'est l'affaire du chauffeur. Il faut renouveler l'eau, entretenir son niveau, c'est l'affaire d'une pompe qui emprunte son mouvement au mouvement même de la machine, et que nous aurons l'occasion de revoir en examinant le mécanisme de distribution. Il y a d'autres pompes ayant d'autres usages : celle-ci est la pompe d'alimentation.

Mais comment s'assurer qu'elle fonctionne bien ? Il est d'une importance capitale que le niveau de l'eau ne s'abaisse point trop dans la chaudière, ni qu'il s'y élève au delà d'une certaine limite : dans les deux cas, on risque une des plus fréquentes causes d'explosion des machines. De là, les appa-

reils connus sous le nom générique d'*indicateurs
du niveau* et qui méritent bien celui d'*appareils de
sûreté*. On en emploie de plusieurs sortes et même
simultanément.

Ainsi, vous voyez toujours adapté aux parois
extérieures de la chaudière et bien en vue, un tube

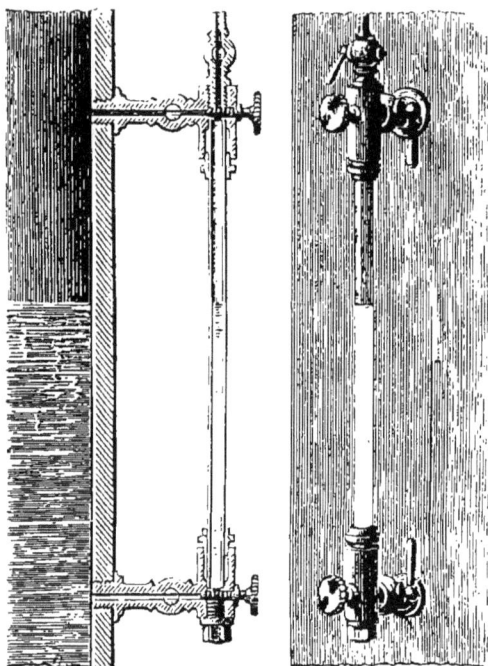

Fig. 25. — Indicateur du niveau d'eau, à tube de cristal.

en verre de cristal qui communique par ses deux
bouts avec l'intérieur de la chaudière. L'eau pénètre dans ce tube et y atteint, en vertu de la loi
d'équilibre des liquides dans les vases communi-
quants, le même niveau que dans le générateur.
Le verre du tube a besoin d'être bien propre et
transparent; voilà pourquoi vous y voyez un dou-

ble système de robinets qui permettent d'interrompre la communication avec la chaudière et, pendant ce temps, de nettoyer le tube. Le chauffeur
doit avoir fréquemment l'œil sur cet appareil, aussi
précieux que simple.

Une surproduction momentanée de vapeur, un
mauvais fonctionnement de la pompe d'alimentation provenant d'un accident subit, pourrait abais-

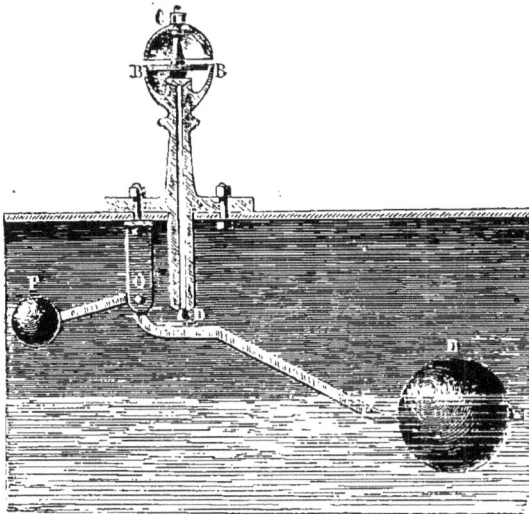

Fig. 26. — Flotteur d'alarme.

ser brusquement le niveau et surprendre notre
homme, pendant qu'il est occupé ailleurs. L'indicateur à tubes de cristal ne suffit donc point. On
y ajoute l'un ou l'autre des divers systèmes de
flotteurs qui manifestent l'état insuffisant du niveau par des signaux bruyants. Tels sont, par
exemple, les flotteurs d'alarme, le flotteur magnétique.

Un flotteur E, c'est ordinairement une boule

métallique creuse), monte et descend avec le niveau de l'eau de la chaudière. Il est soutenu par
une tige qui forme un bras d'un levier tournant
autour du point O; l'autre bras supporte un contre-poids P. Dans les limites normales du niveau
de l'eau, la tige maintient une soupape D contre
l'ouverture d'un tuyau communiquant avec l'air
extérieur. Si le niveau de l'eau s'abaisse au-dessous de ces limites, le flotteur s'abaisse avec lui,

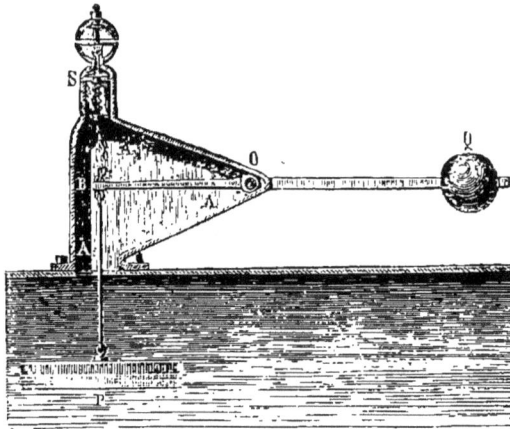

Fig. 27. — Flotteur d'alarme de Bourdon.

détermine l'ouverture de la soupape. La vapeur
s'échappe par le canal et sort par un orifice annu-
laire BB; là elle rencontre les bords aigus d'un
timbre qu'elle fait vibrer de manière à produire
un son très-intense et prolongé.

Le chauffeur est averti du danger par ce son
inaccoutumé : de là le nom de *flotteur d'alarme*
donné à cet appareil.

La figure 27 représente un flotteur autrement
disposé. La vapeur entre librement dans une boîte

métallique triangulaire A, qui est séparée du sifflet d'alarme par une soupape S, que maintient un
ressort. Le niveau de l'eau baisse-t-il au delà de
la limite, le flotteur P, en descendant, tire la
chaîne, ouvre la soupape et laisse la vapeur s'é-
chapper bruyamment au dehors.

Le *flotteur indicateur à cadran* est formé d'un
disque P en pierre, dont une chaîne de suspension, s'enroulant sur la gorge d'une poulie à cadran

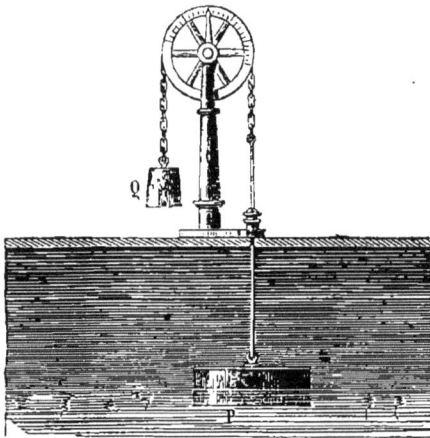

Fig. 28. — Flotteur indicateur à cadran.

extérieur, soutient un contre-poids Q. Le mouvement de la poulie déterminé par les variations du
niveau se communique à une aiguille qui indique
ainsi la hauteur de l'eau dans la chaudière.

Dans l'*indicateur magnétique* de M. Lethuilier-
Pinel, qu'on emploie beaucoup aujourd'hui, le
mouvement du flotteur se manifeste par une tige
qui fait monter ou baisser avec lui un aimant en
fer à cheval ; au-devant des pôles de cet aimant,
une aiguille aimantée, mobile sous l'influence de

leur attraction, parcourt les degrés d'une division qui marque le niveau de l'eau de la chaudière. Quand ce niveau baisse d'une façon anormale et dangereuse, l'aimant entraîne avec lui le bras d'un levier qui fait ouvrir une soupape, aupara-

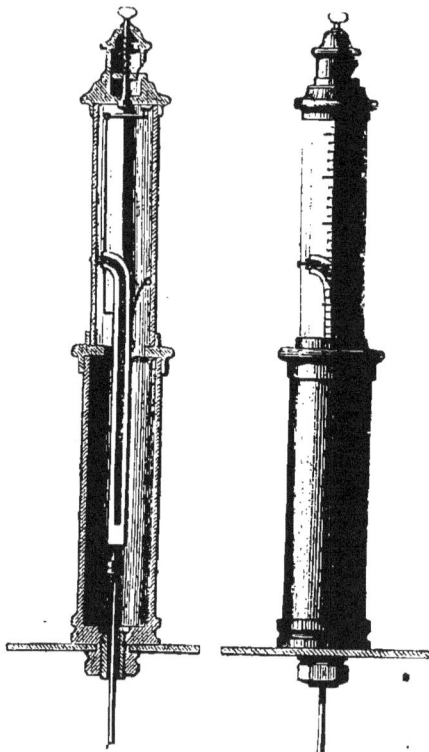

Fig. 29. — Flotteur magnétique de Lethuilier-Pinel.

vant maintenue par un ressort. La vapeur qui, de la chaudière, entre librement dans le tube renfermant tout le mécanisme, s'échappe en sifflant au dehors, et avertit le chauffeur du danger.

Les appareils de sûreté d'une machine à vapeur

ne comprennent point seulement les indicateurs de niveau, flotteurs ou autres. C'est que les causes d'explosion ne proviennent pas exclusivement de l'insuffisance de l'eau du générateur : dans des circonstances que je préciserai plus loin, la vapeur peut acquérir une force élastique dépassant tout à coup, et de beaucoup, les limites de pression pour lesquelles la chaudière a été construite. Pour prévoir ce cas, on adapte des soupapes de sûreté du genre de celle qu'on a vue dans la marmite de

Fig. 30. — Soupape de sûreté de Papin.

Papin, et dont la figure 30 représente, sur une plus grande échelle, la disposition ordinaire. Le jeu en est si simple qu'il est inutile de le décrire au long.

Ces soupapes sont en bronze et leurs dimensions sont calculées pour que l'une des deux, que les règlements officiels rendent obligatoires, donne à la vapeur, en cas d'excès de pression, une issue suffisante pour ramener la pression à la limite normale. Dans ce calcul, on tient compte naturellement de la surface totale de chauffe de la chaudière.

puisque cette surface est à peu près proportionnelle à la production de vapeur; puis de la tension
maximum de la vapeur, la soupape devant avoir
une ouverture d'autant moins large que cette tension est plus élevée, puisque alors la vitesse plus
grande de la vapeur rend l'écoulement de l'excès
de vapeur plus rapide.

Les manomètres.

Manomètre à air libre, à branches multiples; à air comprimé. — Manomètres
métalliques. — Qualités d'un bon mécanicien et d'un chauffeur de machine :
économie et sécurité qui en sont la conséquence.

Il nous reste à dire comment on peut s'assurer à
chaque instant, pendant le fonctionnement d'une machine, des variations de la tension de sa vapeur. Les
instruments qui fournissent cette
indication en atmosphères et fractions d'atmosphères, sont connus
sous le nom de *manomètres*.

Mais les manomètres employés ne
sont pas tous basés sur le même
principe. Les uns, comme le *manomètre à air libre*, sont tout simplement des baromètres à siphon dont
la grande branche est ouverte; seulement ce n'est pas la pression de
l'air atmosphérique qui soulève la
colonne de mercure, c'est celle de la
vapeur, la petite branche étant mise
en communication directe avec la
chambre de vapeur de la chaudière. C'est la diffé-

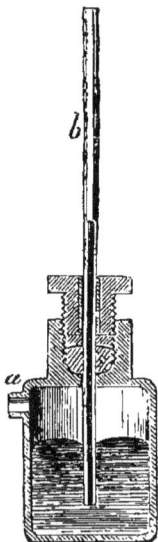

Fig. 31.
Manomètre
à air libre.

rence des hauteurs du mercure dans les deux branches, augmentée de la pression barométrique, qui exprime la pression de la vapeur.

Dans les machines qui fonctionnent à des pressions élevées, le manomètre à air libre est incommode à cause de sa grande longueur. Le manomètre à branches multiples (fig. 32) résout cette difficulté, parce que la hauteur de la colonne qui marque la pression de la vapeur, déduction faite d'une atmosphère, se trouve à peu de chose près divisé par le nombre des tubes qui en forment les courbures successives[1].

Les *manomètres à air comprimé* (fig. 33) ne sont autre chose que des tubes de Mariotte. Par l'une des branches, la vapeur exerce librement la pression qui, dans l'autre branche, est équilibrée par l'air comprimé, plus par la différence de niveau du mercure. L'instrument est réglé de sorte que le mercure est à une même hauteur $m\,n$ dans les deux branches, si la pression de la vapeur vaut une atmosphère. Quand cette pression devient graduellement plus forte, le niveau s'élève en A, mais à des hauteurs décroissantes pour d'égales augmentations de pression, selon la loi de Mariotte. L'instrument est donc de moins en moins sensible aux pressions les plus élevées. On remédie à cet inconvénient en donnant au manomètre la disposition que montre la figure 33. La forme conique de la branche qui renferme l'air donne aux divisions correspondant aux atmosphères successives des lon-

1. Nous renverrons, pour la démonstration de cette propriété d'ailleurs fort simple, aux Traités de physique, ou encore au Dictionnaire des *Mathématiques appliquées* de M. Sonnet.

gueurs à peu de chose près égales, de sorte que la
lecture des pressions élevées se fait plus aisément
que dans le premier système.

La commodité et le bon marché des manomètres métalliques les font adopter dans un grand
nombre de machines. Mais ils n'offrent pas la même

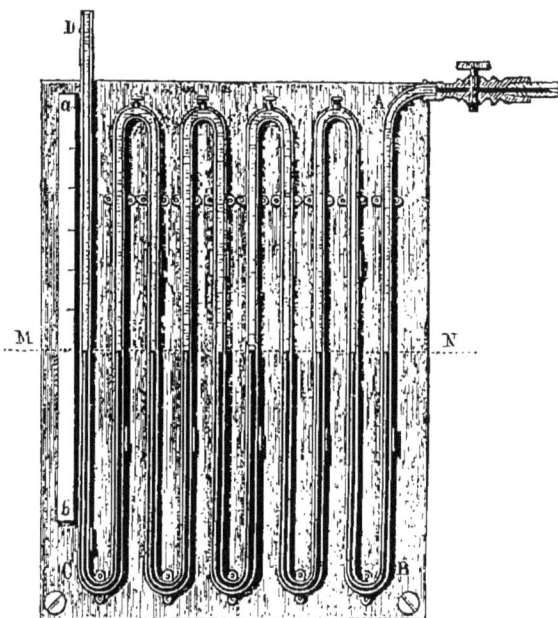

Fig. 32. — Manomètre à air libre, à branches multiples.

garantie d'exactitude que les autres, parce que les
pièces qui subissent la pression de la vapeur peuvent s'altérer par l'usage. Comme ce sont ces pièces
qui indiquent, par le plus ou moins de courbure
que leur imprime la force élastique de la vapeur,
la valeur de celle-ci, il faut de temps à autre les
soumettre à des vérifications, à des contrôles avec
les manomètres plus exacts. L'inconvénient de

ceux-ci vient surtout de la matière qui les compose, du verre qui s'encrasse et perd sa transparence, et au travers duquel il faut observer le mercure, de leur fragilité; il arrive aussi que le mercure du manomètre à air comprimé s'oxyde, ce qui diminue le volume de l'air : alors l'instru-

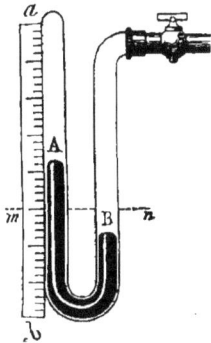

Fig. 33. — Manomètre à air comprimé.

Fig. 34. — Manomètre à air comprimé à tube conique.

ment marque des pressions plus fortes que la pression réelle.

Tel est, dans ses parties essentielles, l'appareil générateur de vapeur connu dans la pratique sous le nom commun de chaudière. La chaudière, je l'ai déjà dit, varie beaucoup de dimensions et de formes, selon les types de machines auxquelles elle fournit la force ou le moteur. Plus loin, nous verrons quelques-unes des dispositions les plus usitées et les plus originales des chaudières dans les machines fixes, dans les machines marines et dans les machines mobiles, locomotives ou locomo-

biles. Mais dans toutes, nous retrouverons les
mêmes parties principales, et les mêmes organes
accessoires.

A l'origine, ces appareils étaient grossièrement
construits; au point de vue de la sécurité comme
au point de vue de l'économie, ils étaient loin d'atteindre la perfection que les progrès des sciences
et ceux de la mécanique pratique ont rendue pos-

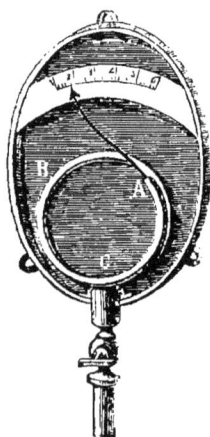

Fig. 35. — Manomètre métallique.

sible. Toutefois, quelques garanties qu'offre une
chaudière quand elle sort neuve des ateliers du
constructeur et qu'elle a subi les épreuves officielles, elle exige, pour son bon fonctionnement des
soins constants, une surveillance qui ne se ralen-
tisse pas, de sorte qu'aussitôt un vice constaté,
une détérioration aperçue, elle doit être l'objet
immédiat d'une réparation convenable.

Avant tout, elle doit être confiée à un chauffeur
intelligent, laborieux, sobre, ayant conscience de
la responsabilité qui lui incombe, et doué du sang

froid nécessaire dans le cas d'un dérangement imprévu. La façon dont il conduit le feu, la régularité avec laquelle il l'entretient, sont pour beaucoup dans la question d'économie, si importante pour une industrie quelconque. Il doit veiller avec soin à entretenir un niveau constant de l'eau dans la chaudière, et avoir l'œil et l'oreille, par conséquent, aux indicateurs et aux flotteurs. De temps à autre, il doit vérifier l'état des soupapes qui peuvent se trouver accidentellement surchargées, ou adhérer sur leur siége. Ce sont là des soins qui regardent la sécurité. Relativement à l'économie, c'est par l'entretien régulier d'un feu toujours également vif, qu'un bon chauffeur peut y contribuer. La couche de houille ne doit être ni trop mince, ni trop épaisse (de 10 à 15 centimètres au maximum), très-uniformément étalée sur toute la surface de la grille, dont les barreaux doivent toujours laisser passage à l'air pour le tirage.

Au moment de l'allumage et de la mise en train, il y a une perte inévitable de combustible. Mais quand le foyer est bien ardent, que le feu est partout d'une égale blancheur, alors il faut, à mesure de la combustion, charger de nouveau combustible : ni trop souvent, car la nécessité d'ouvrir les portes du foyer causerait des pertes trop fréquentes de chaleur : ni à des intervalles trop éloignés, car le même inconvénient proviendrait du refroidissement du foyer par une trop grosse surcharge de houille fraîche.

L'économie qui résulte du bon entretien d'une chaudière ne porte pas seulement sur le combustible, mais encore sur la durée de l'appareil, dont la valeur représente un capital assez considérable, que les réparations accroissent encore. Donc le chef d'une usine a le plus grand intérêt à confier sa machine à un homme capable, actif, habile.

Mais les pertes de chaleur ne sont pas toutes dues, tant s'en faut, à l'impéritie d'un chauffeur. Nous avons dit déjà qu'il y en a d'inévitables. A celles-là s'ajoutent celles qui sont le fait d'une mauvaise disposition de la chaudière et de l'emploi d'un combustible de mauvaise qualité.

Il y a encore les pertes de chaleur que subit la chaudière par le fait du rayonnement. Dans les chaudières établies à poste fixe, à l'intérieur d'un massif de maçonnerie, cette cause de déperdition est moindre que dans les autres. Néanmoins, il y a toujours la partie supérieure du corps principal et le tuyau de vapeur qui sont exposés à ce refroidissement. Le remède est dans les enveloppes protectrices faites de matières qui ont la propriété de conduire mal la chaleur. Les chaudières des locomotives ont de doubles enveloppes entre lesquelles l'air interposé, mauvais conducteur de la chaleur, suffit à atténuer les pertes par rayonnement[1].

1. On emploie avec beaucoup d'avantages, depuis quelques années, l'enduit Pimont (du nom de l'inventeur), ou calorifuge plastique. C'est une sorte de mastic composé de terre argileuse, de poils d'animaux et de farine de colza. Voici le texte d'un certificat que cite M. A. Morin et qui témoigne des bons effets de cette application ; il a été délivré par le directeur de la Société des paquebots du Havre à Honfleur : « Nous avons pu constater les améliorations suivantes depuis l'application du calorifuge plastique de M. Pimont, sur les chaudières, tuyaux de conduite de vapeur et cylindres du steamer *le Français* : 1° économie réalisée dans l'emploi du combustible, environ 10 pour 100 ; 2° condensation à peu

Principaux types de chaudières à vapeur.

Des divers systèmes de chaudières adoptées. — Chaudières à foyer extérieur, à foyer intérieur; chaudières mixtes. — Chaudière en tombeau de Watt. — Système Farcot, à bouilleurs latéraux. — Invention des chaudières tubulaires, locomotives, marines. — Chaudières à circulation. — Avantages des divers systèmes.

Quand on veut faire bouillir de l'eau dans une marmite, l'idée la plus naturelle, la plus simple, est de mettre tout bonnement la marmite sur le feu : on ne songe guère à mettre le feu dans la marmite. Cela paraîtrait le renversement du bon sens.

C'est cependant cette dernière idée qui est venue aux constructeurs de machines à vapeur. Au lieu de placer la chaudière sur le feu, ils se sont dit qu'il y aurait avantage à procéder d'une façon inverse, et à mettre le feu dans la chaudière. De cette manière, l'utilisation du combustible, cette condition première de l'industrie de la vapeur, se trouve réalisée à un plus haut degré.

Dans la chaudière à bouilleurs que nous venons de décrire, la chaudière est sur le feu ; c'est un générateur à *foyer extérieur*. Il y a donc aussi des générateurs à *foyer intérieur*, et, sous ce seul rapport, on peut former deux types de chaudières qui se subdivisent d'ailleurs en de nombreuses variétés. Enfin, on peut distinguer un troisième type, celui dans lequel le foyer proprement dit est exté-

près nulle dans les tuyaux et dans les cylindres ; 3° garantie contre la chaleur, pour les mécaniciens et les chauffeurs, telle que le thermomètre, dans la chambre des machines, marquait 18 à 22° centigrades lorsque la température au dehors était de 11°. »

rieur et dont les carneaux ou conduits des gaz de la combustion sont logés dans l'intérieur de la capacité renfermant l'eau. Ce sont les générateurs ou chaudières *mixtes*.

Les premières chaudières adoptées dans les machines de Watt étaient des chaudières en forme de chariot ou en *tombeau*. La figure 36 en représente une coupe transversale. La flamme, après avoir échauffé directement la surface concave in-

Fig. 36. — Chaudière en tombeau, de Watt.

férieure, revenait latéralement par les carneaux latéraux CC. Plus tard elle a été employée sur les premiers bateaux à vapeur ; mais alors on y ajouta un carneau inférieur B, par où passaient d'abord les gaz de la combustion avant d'entrer dans les carneaux latéraux, de manière à en former une chaudière mixte.

La forme des parois de la chaudière en tombeau la rend peu résistante ; aussi l'histoire des accidents des machines à vapeur constate-t-elle que le plus grand nombre des explosions a eu lieu sur des chaudières de ce système. Aussi, presque partout, elles ont été remplacées.

Nous avons décrit la chaudière à deux bouilleurs inférieurs ; mais quelquefois il n'y a qu'un bouilleur, d'autres fois, on en dispose jusqu'à trois. Une disposition intéressante et originale est celle des bouilleurs latéraux de la chaudière Farcot.

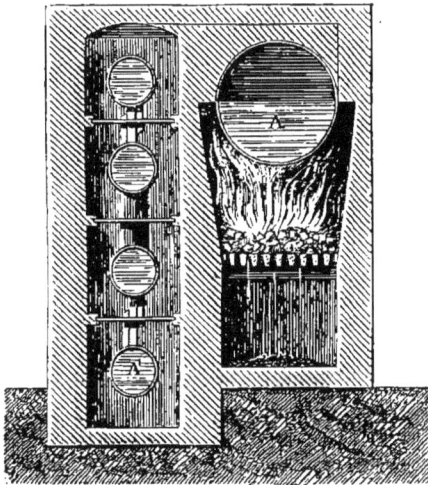

Fig. 37. — Chaudière Farcot, à bouilleurs latéraux.

Dans ce système (fig. 37), le corps cylindrique principal A est chauffé directement par le foyer. Quatre bouilleurs sont placés latéralement les uns au-dessus des autres, dans un bâti latéral divisé en quatre compartiments ou carneaux, par lesquels sont obligés de passer successivement les gaz de la combustion avant de se rendre dans la cheminée. De plus, c'est le bouilleur A' qui reçoit l'eau d'alimentation. Comme les gaz cheminent de haut en bas, tandis que l'eau suit un chemin inverse pour aller de A' dans la chaudière, il en résulte que ce sont les parties les plus chaudes des gaz qui sont en contact avec les parois plus chaudes de la chaudière ; les parties les plus froides perdent encore leur chaleur à échauffer l'eau la plus froide avant de s'échapper dans la cheminée.

Imaginons que le corps cylindrique d'une chaudière renferme un tube intérieur d'un suffisant diamètre entièrement entouré par l'eau, qu'on place le foyer dans ce tube, au lieu d'en faire seulement un carneau comme celui de la figure 36 : on aura une chaudière à foyer intérieur. Dans ce système, la chaleur du foyer est tout entière utilisée et employée à l'échauffement direct des parois métalliques de la chaudière, sans être absorbée par les maçonneries du bâti. Mais la surface de chauffe ne serait point encore assez grande, si la chaudière n'était extérieurement enveloppée par des carneaux, et alors les inconvénients d'un foyer nécessairement rétréci ne sont plus compensés par les avantages de cette disposition. Toutefois en Angleterre, on emploie pour les machines fixes des chaudières horizontales à un ou deux foyers intérieurs.

Dans la plupart des modifications qu'a subies la chaudière primitive, on retrouve la préoccupation de développer le plus possible la surface de chauffe, tout en ménageant le volume et l'emplacement occupé par le générateur. C'est, en effet, comme nous l'avons vu, la grande question à la solution de laquelle sont liées et la puissance de la machine et l'économie du combustible. Les bouilleurs, les carneaux inférieurs ou extérieurs, les foyers intérieurs, tout cela est imaginé dans le but d'utiliser l'activité du foyer, de manière à ne laisser s'échapper dans la cheminée que la portion des gaz chauds nécessaire pour produire le courant ascendant, c'est-à-dire le tirage.

Enfin peu à peu, on en arriva à concevoir la chaudière tubulaire, dont la première idée remonte à Barlow (1793), mais qui ne fut réalisée qu'en 1829, par Marc Seguin et Stephenson. Voici en quoi consiste le système des chaudières tubulaires qui, appliquées d'abord sur les chemins de fer à la locomotive, a été adapté aux machines de navigation, avec les modifications indispensables.

Dans le corps cylindrique principal se trouvent soudés parallèlement entre eux des tubes qui s'ouvrent d'une part dans le foyer, d'autre part dans les carneaux ou dans la cheminée. Les tubes sont baignés par l'eau de la chaudière, qui remplit tous leurs intervalles, et qui se trouve directement échauffée par les gaz traversant tous les espaces tubulaires. On verra plus loin dans quelle proportion énorme cette disposition ingénieuse accroît la surface de chauffe et par suite la puissance de vaporisation du générateur.

Dans les locomotives, les locomobiles et les chaudières marines, le foyer se trouve de tous côtés entouré d'eau, sauf bien entendu par sa base, de sorte que la chaudière tubulaire pourrait aussi être considérée comme une chaudière à foyer intérieur. Elle en a certainement tous les avantages.

On trouvera, dans le chapitre consacré à locomotive, des modèles de la chaudière tubulaire
appliquée aux machines des voies ferrées. Ici, je
me bornerai à donner un exemple d'une chaudière
tubulaire marine, qui est en même temps une
chaudière à *retour de flammes*, puisque les gaz du
foyer, avant de lécher les tubes, passent d'abord
dans deux gros cylindres A et B, se réfléchissent
sur le fond de la chaudière, et reviennent enfin,
par les conduits tubulaires, dans la cheminée où
ils s'échappent.

Je n'en finirais pas si je voulais décrire tous les
modèles de chaudières de différents systèmes qui
ont été proposés et appliqués, ou même qui le
sont encore aujourd'hui. En me bornant aux types
principaux, mon but sera rempli, car j'aurai ainsi
fait comprendre la raison des dispositions variées
que revêt le générateur et dont le lecteur pourra
trouver des exemples s'il prend la peine, dans ses
pérégrinations, de visiter les machines à vapeur
des usines, des bateaux, des chemins de fer, dans
les divers pays qu'il pourra parcourir.

Il pourra rencontrer encore, outre les types que
je viens de définir, des chaudières dont le foyer
peut être enlevé à volonté, à *foyer amovible*, selon
l'expression technique. Cette disposition peut offrir
des avantages de plus d'un genre ; notamment celui d'un nettoyage rapide et de l'enlèvement des
incrustations. Il verra aussi des chaudières à *circulation d'eau*, principalement formées de tubes
où l'on introduit continuellement et successivement l'eau qui se vaporise presque instantanément,

de sorte que si l'introduction de l'eau est interrompue, il en est de même de la production et de
l'écoulement de la vapeur ; des chaudières *chauffées
au gaz*, généralement employées dans les hauts
fourneaux, où l'on utilise de la sorte les gaz perdus
à leur sortie du gueulard, etc., etc.

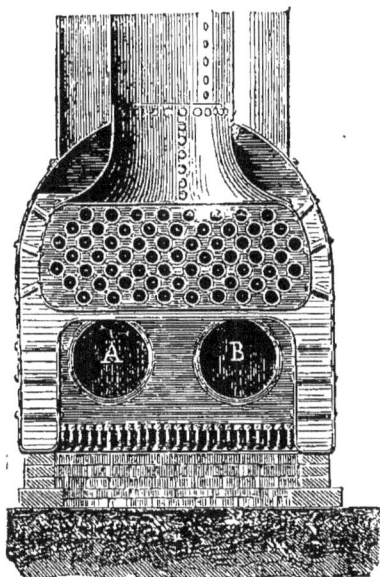

Fig. 38. — Chaudière tubulaire marine à retour de flamme,
Coupe transversale.

De tous ces systèmes de chaudière, retenons-en
un, qui nous montrera comment on peut construire des générateurs, pour ainsi dire rendus
inexplosibles par ce fait, que l'eau aussitôt introduite est immédiatement réduite en vapeur : c'est
la chaudière à circulation de M. Belleville, dont
l'usage se répand de plus en plus dans la petite et
moyenne industrie, dans les centres populeux.

Elle est utilisée dans plusieurs imprimeries et usines parisiennes.

Une série de tubes verticaux, placés dans le foyer même, communique d'une part à un tuyau horizontal amenant l'eau d'alimentation, d'autre part au tuyau de prise de vapeur. Chaque tube est rempli d'eau jusqu'à une hauteur la même pour

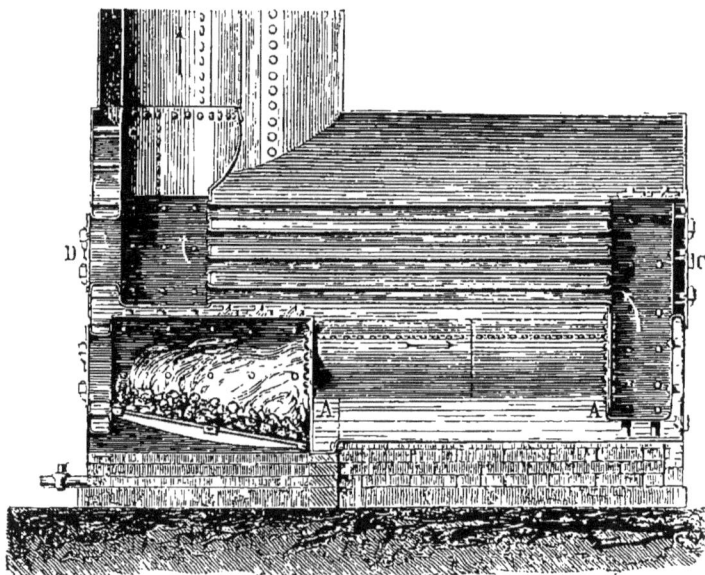

Fig. 39. — Chaudière tubulaire marine à retour de flamme.
Coupe longitudinale.

tous, et forme, pour ainsi dire, une petite chaudière à moitié remplie d'eau et de vapeur.

L'arrivée de l'eau dans les tubes est réglée à l'aide d'un appareil spécial, par la pression même de la vapeur, de sorte qu'à mesure que l'eau se vaporise, elle se trouve remplacée par une quantité d'eau égale : le niveau dans les tubes de la chaudière reste ainsi constant.

La mise en vapeur est pour ainsi dire immédiate ; pour une chaudière de ce système d'un volume moindre de 4 mètres cubes (3^m,74) et de 10 mètres carrés de surface de chauffe, la vaporisation est de 200 kilogrammes d'eau par heure.

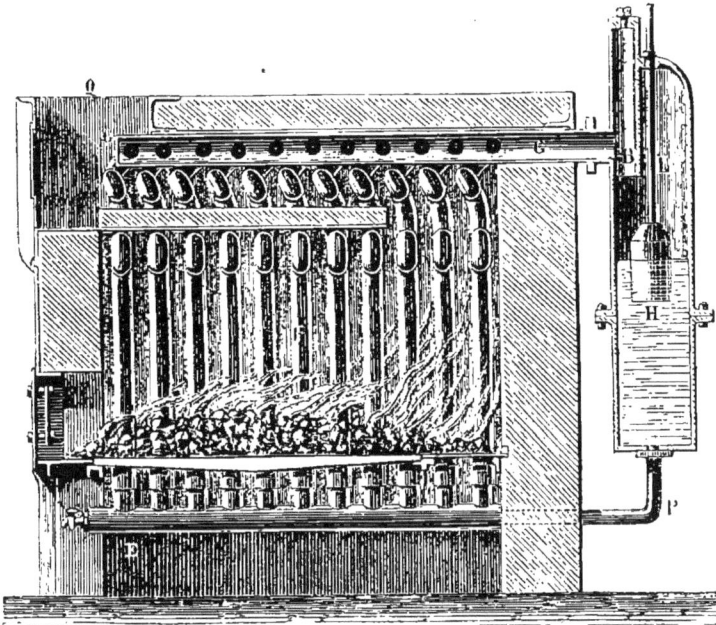

Fig. 40. — Chaudière à circulation de M. Belleville.

Il existe encore d'autres systèmes de chaudières à circulation, en France, ceux de MM. Larmangeat, Boutigny ; en Angleterre, celui de M. Scott ; je ne puis que les citer en résumant en quelques lignes, d'après M. le général Morin, les avantages respectifs des grandes chaudières ordinaires comparées à ces systèmes nouveaux.

Les premières ont pour elles la sanction d'une longue expérience ; elles produisent, sans beau-

coup de soin et d'entretien et très-régulièrement,
la vapeur nécessaire ; la manœuvre journalière en
est simple, commode. Mais elles occupent un grand
espace, elles sont sujettes aux explosions.

Au contraire, les chaudières à circulation, beaucoup moins encombrantes et moins coûteuses,
pour ainsi dire inexplosibles, ont l'avantage d'une
mise en vapeur rapide ; mais elles sont d'un entretien plus difficile ; elles ne sont pas plus économiques au point de vue du combustible. Elles pa-
raissent surtout réservées aux machines de la
petite industrie.

Il a été question, à plusieurs reprises, dans les
pages qui précèdent, du danger d'explosion des
machines à vapeur. Ce sont en effet les chaudières
qui ont fourni trop souvent des exemples terribles
de la réalisation de cet accident soit dans les usines,
soit sur les bâtiments à vapeur. On verra plus
loin quelles sont les causes ordinaires de ces explosions, et quelles précautions on doit prendre
pour les éviter ; en ce moment, la digression serait
trop longue, elle nous détournerait de notre grande
affaire, qui est d'achever la description de la machine à vapeur et d'en acquérir la complète intelligence.

III

LE MÉCANISME MOTEUR

Distribution de la vapeur; son mode d'action sur le piston. — Condensation
dans les machines à basse pression; condensation à air libre dans les machines à haute pression, sans condenseur.

Nous savons maintenant comment se produit,
dans une machine à vapeur, ce qui est le principe
du mouvement, l'âme pour ainsi dire du mécanisme original qui a, depuis un siècle, révolutionné l'industrie manufacturière et celle des
transports par terre, qui est en train de transformer
la marine tant militaire que marchande, et qui
s'attaque, dès aujourd'hui, aux pratiques antiques
et traditionnelles de l'agriculture.

En décrivant les divers types de chaudières, en
montrant les formes variées qu'on lui donne selon la destination spéciale à laquelle elle est affectée,
nous espérons avoir mis le lecteur à même de se
faire une idée des progrès que la pratique et la
théorie combinées ont suggérés pour la solution
de cette question, si simple au premier abord :

Produire la vapeur, nécessaire au mouvement d'une machine motrice, dans les meilleures conditions de puissance, de régularité et d'économie.

Il s'en faut, on l'a vu, qu'on y soit arrivé du premier coup. Il s'en faut aussi qu'on ait découvert d'emblée les dispositions des organes du mouvement, du mécanisme moteur, que je vais maintenant décrire. Il eût été beaucoup trop long, et d'ailleurs peu intelligible, de procéder par l'histoire des phases successives par lesquelles a passé la machine à vapeur. Au contraire, en acquérant d'abord la notion précise du fonctionnement tel qu'il existe dans les machines perfectionnées, on se rendra compte aisément de l'importance des modifications principales introduites par les inventeurs.

Donc, nous avons à notre disposition, dans la chaudière, toute la vapeur nécessaire à la production du mouvement; nous avons la force.

Voyons comment on utilise cette force.

On sait déjà que la vapeur sort du réservoir de la chaudière par un tuyau qui la conduit à l'intérieur d'un cylindre; que, alternativement, elle agit sur une face ou sur l'autre d'un piston mobile dans ce cylindre; et qu'enfin de cette action alternative résulte un mouvement de va-et-vient du piston et de sa tige. Il nous reste à étudier les détails de ce mécanisme, l'agencement du cylindre et du piston mobile, les divers moyens employés pour la distribution de la vapeur, et aussi à faire comprendre quel est le mode d'action de cette dernière. Nous verrons plus tard comment

le mouvement produit se transmet au dehors de
la machine, et par quels artifices mécaniques, de
rectiligne et d'alternatif qu'il est dans la machine,
on le transforme en mouvement continu et circulaire.

La vapeur, arrivant à la chaudière dans le cylindre, agit d'abord sur l'une des faces du piston,
qui se trouve poussé vers l'extrémité opposée. A
ce moment, la vapeur doit pénétrer de l'autre côté
du corps de pompe et exercer son action sur l'autre
face du piston. Pour que cette action soit possible,
il est nécessaire qu'on se débarrasse de la vapeur
qui vient d'agir en sens inverse, parce que la force
élastique qu'elle possède encore s'opposerait au
mouvement. On parvient à ce résultat, en donnant
alternativement à la vapeur qui a joué son rôle
une issue à l'extérieur du cylindre. L'espace dans
lequel elle pénètre est tantôt l'air libre, tantôt un
vase vide d'air et maintenu, par un jet contenu
d'eau froide, à une basse température.

Dans le premier cas, qui est toujours celui des
machines où la vapeur fonctionne à *haute pression*, c'est-à-dire avec une force élastique égale à
plusieurs atmosphères, la vapeur qui vient de travailler s'échappe, et sa tension se trouve rapidement réduite à celle de l'atmosphère elle-même,
ce qui permet à la vapeur d'agir sur la surface
opposée au piston.

Dans le second cas, la vapeur se condense brusquement par son introduction dans l'espace vide
et froid (qui, pour cette raison, est nommé *condenseur*). Sa force élastique qui pouvait n'être guère
supérieure à une atmosphère, est instantanément

annulée, ou du moins grandement réduite, de sorte que la chambre du cylindre où elle vient d'agir est elle-même ramenée au vide : la vapeur introduite de l'autre côté n'a donc plus à vaincre que l'obstacle du piston lui-même.

Les divers mécanismes imaginés pour conduire ainsi la vapeur dans le cylindre de chaque côté du piston, puis à l'air libre ou dans un condenseur de manière à détruire ou à réduire, dès qu'elle a agi, sa force élastique, constituent ce qu'on nomme la *distribution de la vapeur;* on va voir quels sont les principaux systèmes employés dans ce but.

Parlons d'abord du cylindre, la pièce capitale du mécanisme moteur.

C'est le plus ordinairement une pièce coulée en fonte, dont l'intérieur, de forme parfaitement cylindrique, a été tourné et alésé avec le plus grand soin ; un des fonds est quelquefois venu de fonte, d'autres fois vissé solidement comme l'autre fond, de manière à ce que l'un des deux au moins puisse être enlevé entièrement et permettre ainsi l'introduction du piston.

L'un des fonds donne passage à la tige du piston, et l'ouverture qui sert à cet objet est munie d'une boîte à étoupe (*stuffing-box*), afin que la tige, dans son mouvement, ne présente aucune fuite à la vapeur du cylindre.

Quant au piston lui-même, on le construit d'une foule de manières différentes. Le plus souvent, il est formé de deux plateaux métalliques d'un diamètre un peu plus petit que celui du cylindre, et solidement reliés entre eux ainsi qu'à la tige qui les traverse. Sur leur pourtour, sont ménagées

des gorges pour loger la *garniture*, c'est-à-dire la
partie du piston dont la surface extérieure doit
glisser à frottement doux, mais parfaitement étan-
che contre la surface intérieure du cylindre, de
manière que la vapeur ne puisse passer de l'une
des chambres dans l'autre. La garniture était jadis
formée de tresses de chanvre qu'il fallait graisser
souvent et remplacer de même, à cause de la rapidité de l'usure. On y a substitué avantageuse-

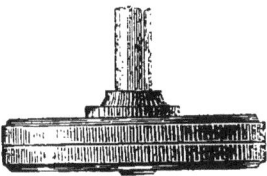

Fig. 41. — Piston à ressort.   Fig. 42. — Piston suédois.

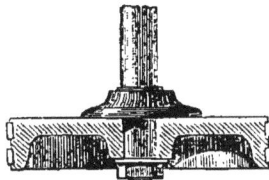

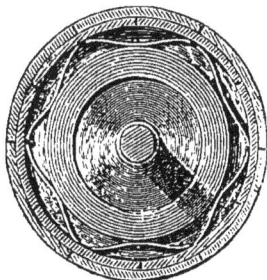

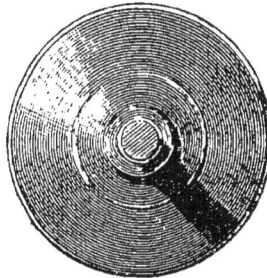

ment des garnitures métalliques, formées de
fragments d'anneau pressés par des ressorts intérieurs, comme on le voit dans la figure 41. Aujourd'hui, on préfère encore à ce mode de garniture celui des pistons Ramsbottom, dont le corps
se compose d'un plateau unique, évidé pour avoir
plus de légèreté et entouré de deux cercles en
acier doux fondu qui s'engagent dans deux gorges

extérieures et font ressort. La surface de ces cercles presse ainsi les parois du cylindre, formant
une excellente garniture, très-simple et très-peu
coûteuse d'entretien. Le piston suédois (fig. 42) ne
diffère du précédent que par la largeur des cercles, qui est plus grande, et leur composition, qui
est en fonte durcie par un peu d'étain.

Le piston et le cylindre ainsi construits et agen-

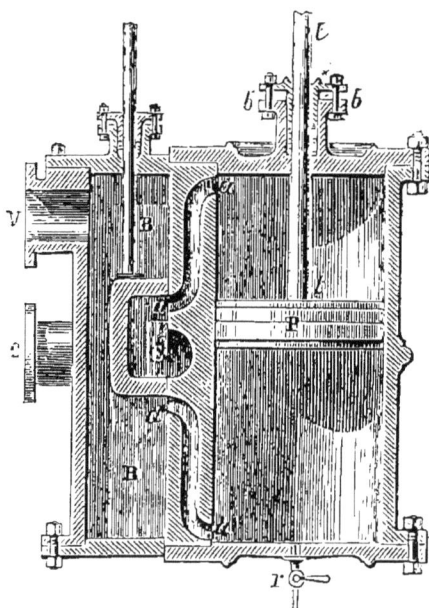

Fig. 43. — Coupe longitudinale d'un cylindre.

cés, il nous reste à voir comment se fait l'introduction et l'échappement, en un mot, la *distribution de la vapeur*. Ajoutons toutefois auparavant
un détail qui a son importance, c'est que le mouvement du piston est facilité par l'huile dont on
lubrifie de temps à autre les parois du cylindre.
Celui-ci est muni, à cet effet, d'un ou plusieurs

robinets qu'on nomme les *robinets graisseurs* et qu'il est inutile de décrire d'une façon détaillée.

Reportons-nous à la figure 43, qui donne la section longitudinale d'un cylindre. On voit, en *aa'*, près de chacun des fonds, l'ouverture d'un double conduit *aa, a'a'*, pratiqué dans l'épaisseur de la face latérale : ce sont les ouvertures par où la vapeur arrive alternativement et agit sur l'une, puis sur l'autre face du piston ; on les nomme les *lumières d'admission*. Ces deux lumières débouchent extérieurement sur une face bien dressée, et, entre les deux, on voit une troisième ouverture E, qui sert à faire échapper la vapeur quand elle a produit son effet, et qu'on nomme pour cette raison *lumière d'échappement*. C'est le tuyau par où la vapeur se répand à l'air libre, ou bien va perdre sa force élastique dans le condenseur.

Maintenant, par quel mécanisme s'opère la distribution, formée, comme on voit de deux opérations partielles, l'admission de la vapeur et l'échappement, qui doivent se répéter deux fois pour obtenir une phase complète du mouvement de va-et-vient du tiroir? Il y a divers modes employés suivant les machines : décrivons d'abord celui que représente notre dessin.

On voit, dans la *boîte à vapeur* BB, une boîte prismatique ouverte par une face, et qu'on nomme le *tiroir*. Le tiroir s'applique par sa face ouverte contre le plan bien dressé où nous venons de voir que débouchent extérieurement les trois lumières. L'espace BB se nomme la boîte à vapeur, parce qu'en effet la vapeur amenée de la chaudière par le tuyau V y afflue librement ; mais la capacité du tiroir, au contraire, est toujours fermée à la vapeur affluente, tandis qu'elle communique constamment avec le tuyau d'échappement et aussi tantôt avec l'un, tantôt avec l'autre des conduits d'admission du cylindre. Enfin le mouvement du tiroir est produit par la machine même à l'aide d'une tige et d'un excentrique calé sur l'arbre du volant.

En suivant le mouvement successif et alternatif

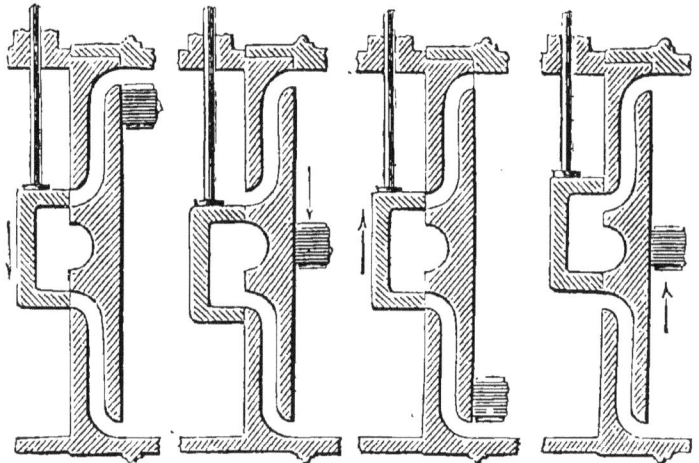

Fig. 44. — Phases diverses du mouvement de va-et-vient du piston et du tiroir.

du tiroir représenté sur la figure 44, on comprendra aisément les phases de la distribution de la vapeur.

Dans sa première position, les deux *bandes* ou bords pleins du tiroir masquent à la fois les deux lumières d'admission, mais son mouvement, qui a lieu de haut en bas, va bientôt les laisser ouvertes toutes deux; l'une, celle d'en haut, à la vapeur de la boîte qui aura ainsi accès dans le cy-

lindre ; l'autre, la lumière inférieure, communi-
niquera au contraire avec l'échappement.

Le piston était au début contre le fond supérieur
du cylindre. Il va se mouvoir de haut en bas, car
la vapeur admise le poussera dans ce sens, tandis
que celle qui venait de le faire monter se trouvera
condensée, annulée par sa communication soit
avec l'air extérieur, soit avec le condenseur.

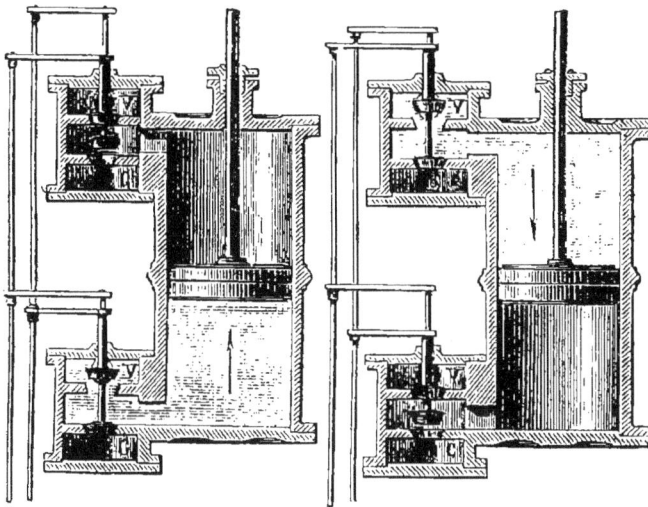

Fig. 45. — Soupapes de distribution de Watt.

Dans la seconde position de la figure, le tiroir
est arrivé à la fin de son mouvement dans ce
sens, et le piston est au milieu de sa course. Le
tiroir va maintenant revenir à sa position primitive, pendant que le piston continuera son mouvement descendant, qu'on voit terminé à la troisième
phase. Maintenant ce sera le tour à la lumière supérieure de se découvrir et de communiquer avec
le tuyau d'échappement, tandis que la lumière in-

férieure, s'ouvrant dans la boîte à vapeur, va donner accès à la vapeur sur la face inférieure du piston et le faire remonter dans le cylindre. La quatrième phase de la figure le montre au milieu de sa course ascendante, tandis que le mouvement ascendant du tiroir se trouve au contraire achevé.

Tel est le mécanisme de la distribution de la vapeur dans les machines où le *tiroir à coquilles*

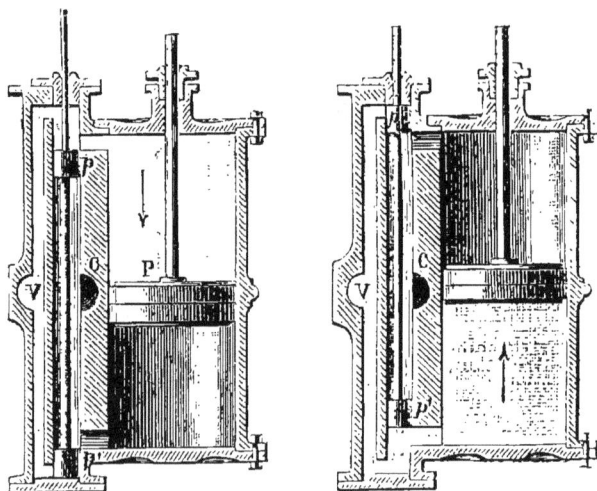

Fig. 46. — Distribution de la vapeur. Tiroir à pistons.

est adopté. Mais, comme je l'ai dit, il y a eu et on emploie encore d'autres dispositions dont on comprendra parfaitement le jeu maintenant, à la seule inspection des figures qui les représentent. C'est d'abord le système des *soupapes de distribution* de Watt (fig. 45); puis le *tiroir à pistons* (fig. 46) également imaginé par cet inventeur; enfin le *tiroir en D*, dont le nom est dû à la ressemblance de la section de la pièce principale avec la lettre D (fig. 47).

Dans la première de ces trois figures, on voit deux boîtes à soupapes adaptées aux deux extrémités du corps du cylindre. Chacune d'elles se trouve divisée par deux soupapes mues par un système de tringles en trois compartiments, dont celui du milieu est en communication directe avec chaque lumière ; tandis que les deux autres com-

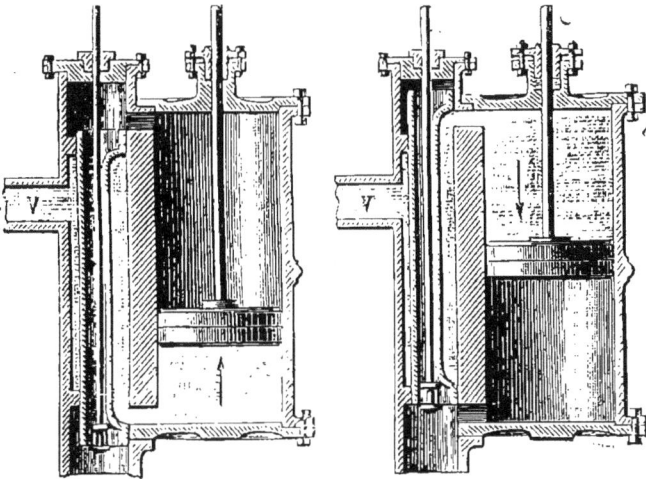

Fig. 47. — Distribution de la vapeur. Tiroir en D.

muniquent, le supérieur V avec le tuyau de vapeur, l'inférieur C avec l'air extérieur ou le condenseur. Les deux phases principales du mouvement montrent à la fois le jeu des soupapes et l'action alternative de la vapeur sur les deux faces du piston.

Le tiroir à pistons est ainsi nommé parce que ce sont deux pistons p p', mus par une tige dans un espace cylindrique contigu au cylindre, qui tantôt laissent à la vapeur l'accès libre d'une des

lumières d'admission et de la chambre correspon-
dante du cylindre tantôt mettent cette chambre
et la vapeur qui vient d'agir en communication
avec le condenseur C.

Enfin le tiroir en D est une pièce creuse, mobile
dans la boîte à vapeur, qui s'applique et glisse par
ses deux extrémités planes contre la face du cylindre où viennent aboutir les lumières d'admission. La vapeur qui vient de la chaudière par
l'ouverture V peut toujours circuler autour du tiroir sans pénétrer jamais par l'une ni par l'autre
de ses extrémités; celles-ci sont au contraire sans
cesse en libre communication avec le condenseur.
Les deux bords plans du tiroir dans leur mouvement de va-et-vient laissent donc alternativement l'une des lumières recevoir la vapeur de la
chaudière, pendant que la vapeur après son action
sur le piston, sort par l'autre lumière et se précipite dans le condenseur ou à l'air libre.

Dans chacun de ces modes de distribution, il
est aisé de suivre les mouvements correspondants
du piston, des tiroirs et des soupapes, dans leurs
diverses phases. Ce que nous avons dit, en décrivant le tiroir à coquilles, suffira pleinement à en
donner l'intelligence.

Détente de la vapeur.

Des deux modes d'action de la vapeur : travail de la vapeur à pleine pression ;
travail de la vapeur avec détente. — Divers systèmes de détente : système
Clapeyron ; système Meyer ; système de Woolff.

Nous voici donc arrivés à comprendre, au moins
dans son principe, sinon dans tous les détails de
son mécanisme, le mode de distribution de la va-

peur. Nous savons non-seulement comment on s'y prend pour la produire d'une façon régulière, continue, mais encore comment elle va, une fois produite, de la chaudière au cylindre pour donner au piston et à la tige le mouvement alternatif ou de va-et-vient, dont il s'agit ensuite, en le transformant, d'utiliser le travail.

Mais, en se reportant aux allées et venues correspondantes du piston et des diverses pièces qui constituent le mode de distribution de la vapeur, on peut voir que nous avons toujours supposé que les deux lumières du cylindre avaient la même largeur que les bandes pleines du tiroir, de sorte qu'elles se trouvaient tantôt entièrement recouvertes, tantôt entièrement libres. De là il résulte que la vapeur de la chaudière afflue à pleine pression sur chaque face du piston pendant toute la durée de la course de celui-ci : c'est ce qu'on exprime en disant que la *vapeur travaille à pleine pression*.

A l'origine, on ne connaissait point d'autre moyen de faire agir la vapeur. Watt, dont on retrouve le nom dans presque toutes les découvertes capitales qui ont transformé la machine à vapeur primitive, a trouvé qu'il y avait un double avantage à ne donner accès à la vapeur de chaque côté du cylindre que pendant une partie seulement de la course du piston : il en résulte d'abord une plus grande régularité dans le mouvement même, puis, à égalité de travail, une notable économie de vapeur et par conséquent de combustible.

La vapeur, introduite par exemple pendant le premier tiers seulement de la course du piston, continue d'agir sur celui-ci, mais, comme l'espace qu'elle occupe ensuite va en augmentant jusqu'à la fin, elle agit en se dilatant comme un ressort qui se détend, de sorte que sa force diminue jusqu'à la fin de la course du piston. On dit alors que *la vapeur travaille avec détente.*

Ce mode d'action de la vapeur est aujourd'hui presque universellement adopté. Mais avant d'insister sur les avantages qu'il présente et de préciser l'économie de vapeur ou de combustible à laquelle la détente donne lieu, il faut que nous montrions par quelle modification du mécanisme de distribution on parvient à l'obtenir.

Là encore, si je voulais faire un traité complet de la machine à vapeur, j'aurais à décrire des systèmes variés de détente. Il me suffira, pour le but que je me propose, de donner une idée d'un ou deux des plus importants.

Commençons par le *système de détente* dit de Clapeyron, parce que la disposition en est due à ce savant ingénieur.

Elle consiste dans une simple modification du tiroir, ou plutôt de la largeur des bandes qui recouvrent les lumières. Au lieu de donner à cette largeur la dimension précise de celle de chaque lumière, on la fait plus grande. Les rebords ab, $a'b'$, cd $c'd'$, extérieurs et intérieurs, forment ce qu'on nomme le *recouvrement* du tiroir, parce que l'objet de ces saillies est de diminuer la durée de l'admission de la vapeur dans le cylindre par chacune des deux lumières. Il faudrait entrer dans des détails trop longs, trop techniques pour suivre le mouvement du tiroir à détente dans toutes ses phases, et pour faire voir clairement quel est, aux mêmes phases, le mode d'action de la vapeur. Mais nous pouvons résumer cette action, en disant que chaque introduction de la vapeur dans le cylindre donne lieu à quatre périodes successives que nous allons caractériser.

Dans la première période, il y a *admission de*

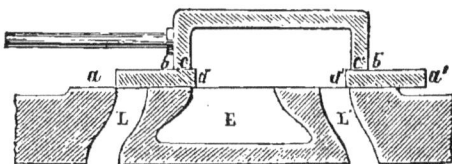

Fig. 48. — Système de détente de Clapeyron. Tiroir à recouvrement.

vapeur qui travaille pendant ce temps à pleine pression, c'est-à-dire avec la pression de la chaudière; après quoi la lumière d'admission se ferme.

Dans la seconde période, il y a *détente de la va-*

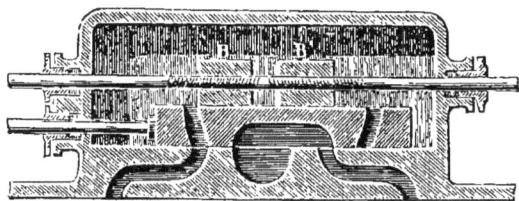

Fig. 49. — Système de détente de Meyer.

peur admise, qui alors travaille avec une force décroissante, jusqu'au moment où la lumière s'ouvre à l'échappement.

L'*échappement* caractérise donc la troisième période; mais, comme par le fait du recouvrement, l'échappement cesse avant que le piston ait atteint le fond du cylindre, il y reste une certaine quantité de vapeur que le piston refoule et comprime

Fig. 50. — Système de distribution et de détente de Woolf. Vue extérieure des deux cylindres.

un peu avant le début de la période nouvelle d'admission ;

De là, la *période de compression*, qui termine le cycle des mouvements alternatifs du tiroir et ramène le piston à la même position initiale.

La détente de Clapeyron est surtout employée dans les machines à mouvements rapides, telles que les locomotives.

Dans le système de détente de Meyer, le tiroir est percé de deux orifices qui viennent alternativement communiquer avec les lumières d'admission ; ce sont deux blocs BB', ayant un mouvement

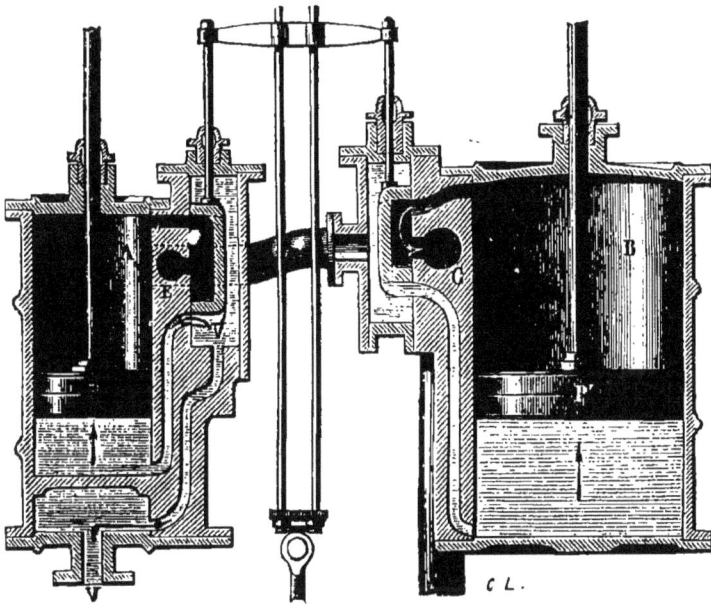

Fig. 51. — Coupe des deux cylindres, dans le système de détente de Woolff.

indépendant de celui du tiroir, qui viennent fermer ces orifices, faire cesser l'admission et commencer la détente.

Enfin, dans le système de Woolff, la détente n'a pas lieu dans le cylindre lui-même, mais dans un cylindre de plus grand diamètre juxtaposé au premier (fig. 50). C'est pour cela qu'on donne aux ma-

chines à vapeur qui emploient ce mode de détente
le nom de *machines à deux cylindres*.

La figure 51 va faire comprendre le mécanisme
de la distribution dans ces machines.

Chacun des deux cylindres A, B, est muni d'une
boîte à vapeur où se meut un tiroir ordinaire, et
des lumières d'admission et d'échappement disposées comme on sait.

C'est par l'orifice V qu'arrive la vapeur de la
chaudière, laquelle se répand d'abord dans la boîte
du cylindre A, et de là pénètre au-dessous du piston P, par exemple. Ce piston reçoit donc un mouvement de bas en haut ; il refoule la vapeur qui
était de l'autre côté dans le tuyau d'échappement E,
tuyau qui, au lieu de communiquer avec le condenseur comme dans les machines à un seul cylindre, va déboucher dans la boîte à vapeur du
cylindre B. Là elle pénètre par la lumière inférieure d'admission au-dessous du piston P' ; et en
s'y détendant, elle produit également le mouvement ascendant de ce piston. Quant à la vapeur
qui se trouvait de l'autre côté dans la chambre supérieure du grand cylindre, elle va, comme à l'ordinaire, se condenser dans le tuyau *CC* ou à l'air
libre.

Le mouvement simultané des deux tiroirs en
sens inverse donnera lieu à un mouvement des
deux pistons de haut en bas, la vapeur agissant
à pleine pression dans le petit cylindre, tandis
que dans le grand cylindre elle agit toujours avec
détente.

IV

LE MÉCANISME DE TRANSMISSION

Transformation du mouvement rectiligne de la tige du piston en mouvement circulaire alternatif, puis continu ; bielle et manivelle. — Machine à balancier. — Parallélogramme articulé de Watt.

Voilà donc notre machine à vapeur en pleine activité. La chaudière est allumée ; la vapeur est abondamment fournie au cylindre et sous la pression convenable ; la distribution fonctionne, avec ou sans détente, avec ou sans condenseur, peu importe. Le mouvement est donné : le piston fournit, par minute, le nombre de coups qui est utile à l'emploi, à la destination de la machine. Il nous reste à montrer comment ce mouvement est transmis, par quel mécanisme on le transforme, on le règle, on en assure la régulière continuité.

Le problème à résoudre n'est pas spécial aux machines à vapeur. Un moteur quelconque peut donner lieu à la même question : « Étant donné le mouvement de va-et-vient de la tige d'un piston, c'est-à-dire un mouvement alternatif et rectiligne, trouver un mode de transmission qui le change en mouvement continu et circulaire, qui fasse tourner, par exemple, un arbre moteur, auquel tous les mouvements partiels dont l'usine peut avoir besoin viendront puiser simultanément ou à leur tour. »

Mais l'invention des machines à vapeur, les progrès que cette invention a provoqués dans toutes les parties de la mécanique appliquée, ont contribué à rendre tout aussi intéressante que les autres la partie de la science qui a pour objet le mécanisme de transmission. Passons rapidement en revue les différents systèmes imaginés.

Le plus ancien, qui est encore adopté pour un grand nombre de machines, comprend les machines à balancier, dont la figure 52 donne le principe.

La tige t du piston, dont l'extrémité décrit une ligne droite verticale, est reliée à l'extrémité d'une grande pièce oscillante, ou levier, AB, qu'elle fait mouvoir autour d'un point fixe I, dans un plan vertical. Cette pièce est le *balancier*, à l'autre extrémité duquel s'articule une tige ou *bielle*, qui agit à son tour sur une manivelle, calée en O sur l'arbre à mettre en mouvement. Grâce à cette disposition, le mouvement rectiligne alternatif du piston se trouve transformé en mouvement circulaire continu.

Ici, le balancier est au-dessus de la tige du piston, mais il peut aussi être placé au-dessous, et nous verrons des exemples de cette disposition dans les machines à vapeur que nous aurons l'occasion de décrire plus loin, en parlant des types.

Je viens de dire que, par le balancier, la bielle
et la manivelle, le mouvement alternatif et rectiligne du piston se trouve transformé en mouvement circulaire continu. Oui, mais cette transformation n'est pas directe, car les extrémités du
balancier oscillent en décrivant chacune un arc de
cercle, tantôt dans un sens, tantôt dans l'autre;
le mouvement est donc d'abord circulaire alternatif;
c'est la bielle et la manivelle qui achèvent la trans-

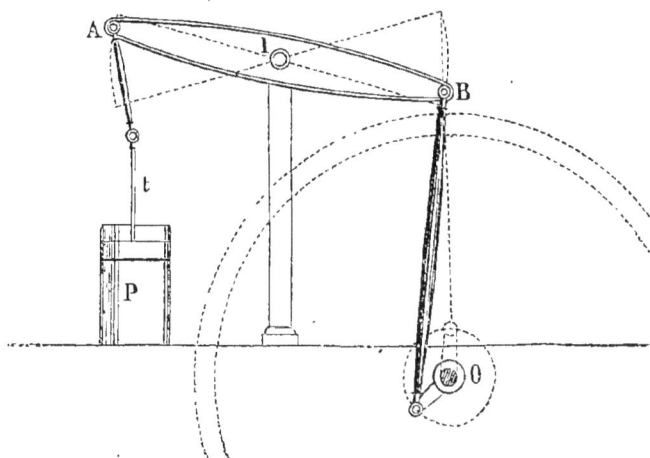

Fig. 52. — Principe de la transmission dans les machines à balancier.

formation et produisent la continuité du mouvement circulaire.

Il résulte de là que la tige du piston, qui se meut
verticalement, ne peut être directement liée à l'extrémité du balancier, parce que celle-ci la forcerait
à suivre le contour de l'arc, et, dès lors, la cour-
berait tantôt à droite, tantôt à gauche. Dans le but
d'éviter cet inconvénient, qui détériorerait promptement la machine, Watt a imaginé un système

d'articulation fort ingénieux connu sous le nom de *parallélogramme de Watt*, et dont voici la description succincte :

La tige du piston, au lieu d'être liée directement à l'extrémité E du balancier, l'est au sommet D du parallélogramme CBDE, dont les quatre côtés, rigides et de dimensions invariables, sont articulés aux sommets, de sorte que les angles varient suivant le mouvement qu'impriment les oscillations du balancier. De plus, le sommet B est rattaché, par une tige BO, à un point fixe O du bâti de la machine. Les longueurs relatives de ces diverses

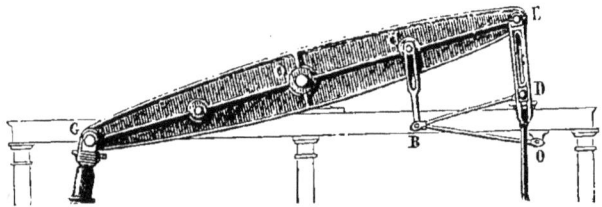

Fig. 53. — Parallélogramme articulé de Watt.

lignes sont calculées de telle sorte que le sommet D décrit très-sensiblement une ligne droite verticale, pendant que les points C, E, B décrivent des arcs de cercle ayant pour centres les deux points OO. A la vérité, pour qu'il en soit ainsi, l'oscillation du balancier ne doit pas dépasser les limites de 20 degrés de part et d'autre de l'horizontale. Le point milieu du côté BC jouit de la même propriété que le point D[1] : aussi l'utilise-t-on dans

1. Considérons isolément deux tringles égales OB, AE, mobiles autour du point O et du point E et reliées à une tige AB articulée en A et en B. Quand on cherche géométriquement la ligne que décrit, pendant le mouvement alternatif des deux tringles, le point F

les machines de Woolff, où les pistons des deux cylindres doivent se mouvoir d'ensemble.

On comprend que le système qu'on vient de décrire se reproduit en double, dans le sens de l'épaisseur, de chaque côté du balancier, ce qui fait qu'en réalité la tige du piston est articulée à un axe horizontal reliant le double point D.

Les régulateurs.

Le volant; du véritable rôle qu'il joue comme régulateur. — Le pendule conique de Watt, ou régulateur à force centrifuge. Régulateurs Farcot et Flaud. — Comment l'excentrique communique le mouvement au tiroir. — Les pompes d'alimentation et d'épuisement.

Achevons maintenant notre description de la machine à vapeur qui, jusqu'ici, nous a servi de modèle. Divers détails du mécanisme sont restés dans l'ombre, que maintenant on va pouvoir saisir aisément.

Tout d'abord on voit, en suivant la figure 52, que, sur l'arbre moteur mû par le système de bielle et de manivelle décrit plus haut, est montée une grande roue, le plus souvent en fonte, à laquelle on donne le nom de *volant*. Cette pièce, qui se trouve dans toutes les machines motrices, a pour objet de régulariser le mouvement.

Dans une machine motrice telle que la machine à vapeur, la vitesse est sujette à éprouver des variations qui peuvent dépendre, soit de la force motrice elle-même, c'est-à-dire de la vapeur qui sort

au milieu de AB, on trouve que cette ligne est une sorte de 8 allongé dont une partie est sensiblement rectiligne et perpendiculaire à la position moyenne des deux droites parallèles. OB étant le balancier de la machine, F devait être le point d'attache du piston

du générateur plus ou moins abondante et douée
d'une pression plus ou moins considérable, soit de

AE était, selon l'expression de Watt, le *rayon régulateur*. Cette
disposition, qui a été employée à l'origine et à laquelle on donne
le nom de parallélogramme simple, renferme tout le principe de
celle que nous venons de décrire. Mais le rayon régulateur ou contre-balancier devait avoir une longueur égale à celle du demi-ba-
lancier, et c'est pour diminuer cette longueur que Watt a imaginé
le *parallélogramme articulé*.

Supposons OC double de OB ; formons le parallélogramme ABCD

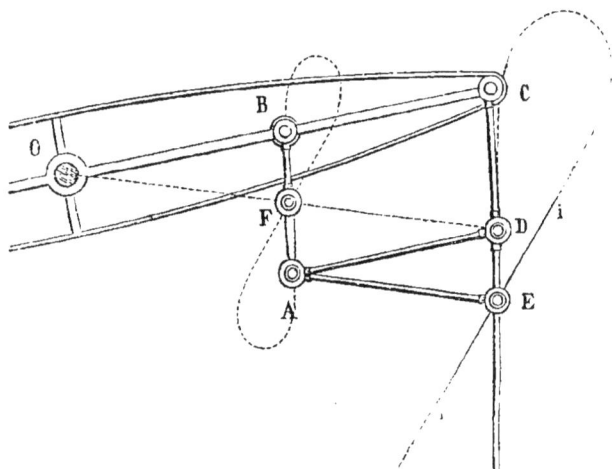

Fig. 54. — Courbes decrites par les points d'articulation des tiges du piston
et de la pompe d'épuisement.

ayant les sommets articulés entre eux et avec le contre-balancier
AE. Il suivra les mouvements du système des trois tringles. Le
point F continuera à décrire une ligne droite ; mais le point D en
fera autant, puisqu'il sera toujours sur la ligne OF prolongée à
une distance OD double de OF. C'est en D que s'articule la tige du
piston, comme nous l'avons vu plus haut, dans le texte.

Un savant français, M. le colonel du génie Peaucellier, vient de
résoudre rigoureusement le problème dont Watt n'avait donné
qu'une solution empirique. Un système articulé de cinq tiges suffit
à transformer le mouvement circulaire en mouvement rectiligne.

l'emploi de la force dans l'usine où la machine est établie. On comprend qu'il y ait intérêt à ce que ces variations soient renfermées dans des limites restreintes : on y parvient de diverses manières, et, en premier lieu, par l'emploi des volants qui augmentent la masse des parties mobiles de la machine. Lorsqu'il y a excédant de vitesse, la masse du volant absorbe l'excès de travail moteur sous forme de force vive, qu'elle restitue, quand le mouvement se ralentit, aux diverses pièces de la machine. On donne à la fois au volant un grand poids et un grand diamètre, et la plus grande partie de sa masse se trouve répartie dans l'anneau qui en forme la circonférence.

Les dimensions et les poids des volants se calculent en tenant compte à la fois de la puissance de la machine et de l'irrégularité plus ou moins grande du travail moteur et du travail résistant.

L'emploi d'un volant, pour régulariser le mouvement d'une machine à vapeur, ne remplit son objet qu'autant que la vitesse est tantôt supérieure, tantôt inférieure à la vitesse normale. Mais s'il y avait lieu de craindre que cette vitesse fût toujours en excès, ou toujours en défaut, le volant n'y pourrait rien, attendu qu'il acquerrait lui-même une vitesse trop grande ou trop petite, et cet excès pourrait, dans le premier cas, aller en augmentant jusqu'à la rupture. La force centrifuge, qui croît avec le carré de la vitesse, serait la cause de cet accident, que prévient l'usage d'un autre genre de régulateur.

Je veux parler du *régulateur à force centrifuge*, à l'aide duquel la machine règle d'elle-même sa

vitesse quand la vapeur afflue de la chaudière avec
surabondance ou excès de pression, ou quand la
vapeur, n'arrivant pas en quantité suffisante, la
vitesse du moteur se ralentit.

Cet appareil se compose de deux boules métalliques BB, supportées par deux tiges OA OA′, articulées autour du point fixe O appartenant à une axe
vertical. Deux autres tiges, articulées en A et A′,
sont liées à un manchon ou collet M, qui embrasse
l'axe vertical et s'élève ou s'abaisse le long de cet

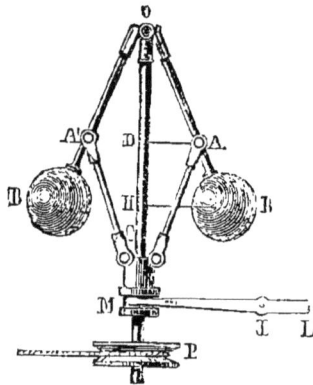

Fig. 55. — Régulateur de Watt, à force centrifuge.

axe. Tout le système reçoit d'ailleurs, par l'intermédiaire d'une poulie P, un mouvement de rotation emprunté à l'arbre moteur de la machine.
Enfin, le manchon M est embrassé par une four-
chette formant une extrémité d'un des bras du
levier IL.

Quand la machine fonctionne avec sa vitesse réglementaire, le levier MIL reste horizontal. Si la
vitesse s'accélère, la force centrifuge éloigne les
boules de l'axe, le manchon s'élève, et, avec lui, le

bras du levier IM : l'autre bras, IL, s'abaisse en tournant autour du point I. Si, au contraire, la vitesse se ralentit, la force centrifuge diminue, et les boules se rapprochent de l'axe, ce qui fait abaisser le manchon et produit un mouvement opposé du levier.

Or le levier communique avec une valve du tuyau amenant la vapeur de la chaudière, de telle façon

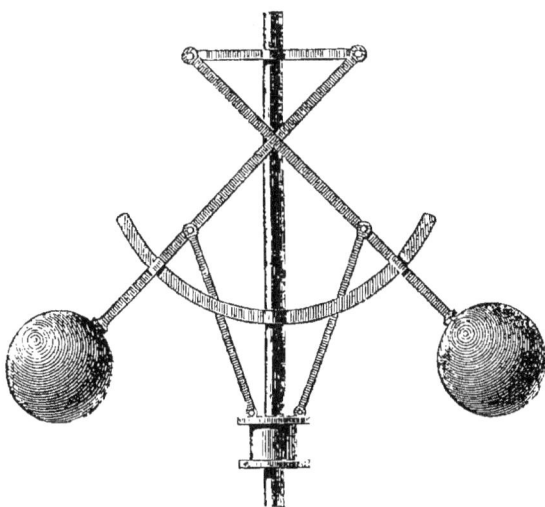

Fig. 56. — Régulateur Farcot à tiges croisées.

que la valve se ferme progressivement dans le premier cas, et s'ouvre davantage dans le second. L'afflux de la vapeur se trouve donc diminué quand la vitesse de la machine dépasse la limite normale ; elle est introduite, au contraire, avec plus d'abondance, s'il y a eu ralentissement.

Les deux figures 56 et 57 représentent deux autres systèmes de régulateurs dont la disposition est un peu différente de celle du *régulateur à force centrifuge* (on connaît aussi ce dernier sous les noms de *modérateur de Watt* ou de *pendule conique*). Tous deux sont, comme le premier, fondés sur l'action de la force centrifuge appliquée à des masses qui tournent avec un axe mis en mouvement par la machine. Mais le pendule conique a l'inconvénient que les régulateurs Farcot et Flaud n'ont pas, de régler, avec la vitesse de régime, la puissance de la machine, tandis que ceux-ci permettent de faire varier cette puissance, sans que la vitesse de régime varie sensiblement, ce qui est quelquefois utile dans certaines industries.

Revenons maintenant à notre machine, au mécanisme de transmission, et faisons voir comment

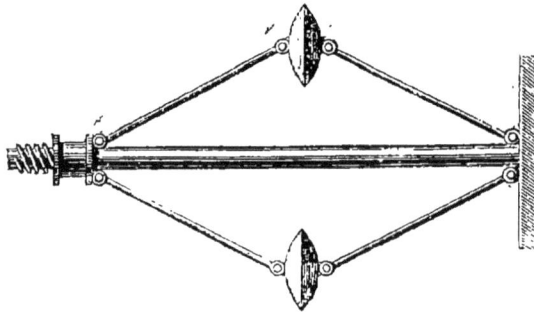

Fig. 57. — Régulateur Flaud.

le mouvement soit du balancier, soit de l'arbre moteur, est utilisé pour le fonctionnement du tiroir, des pompes d'alimentation et d'épuisement.

Sur l'arbre moteur de la machine est calé un *excentrique,* qu'on voit en *dd* sur la figure 59, et dont la fonction est de produire le mouvement alternatif du tiroir. Voici, en deux mots, comment s'obtient ce résultat. L'excentrique (fig. 58) est

formé d'une pièce métallique circulaire traversée
par l'arbre en un point qui n'est pas son centre.
Son mouvement de rotation entraîne celui d'un
collet ou bride portant un long triangle métallique T.
Mais l'extrémité de ce dernier s'accroche à l'une
des branches d'un levier coudé *abc*, dont l'autre
branche porte la tringle *d* du tiroir. Le mouvement d'oscillation du levier produit par la rotation
de l'excentrique donne lieu à un mouvement alternatif vertical de la tige, et le tiroir fonctionne
comme nous l'avons montré plus haut.

La figure 59 représente la machine à vapeur à

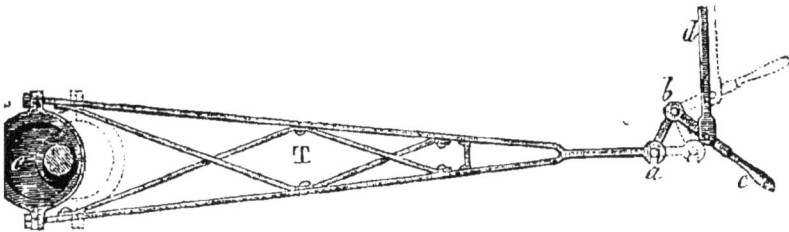

Fig. 58. — Excentrique déterminant le mouvement du tiroir.

balancier, telle qu'elle est sortie des mains de Watt,
avec tous les perfectionnements que cet illustre
mécanicien y a successivement apportés ; elle permettra au lecteur de saisir l'ensemble des divers
mécanismes que nous avons dû décrire en détail
et séparément, la distribution comme la transmission. Elle va nous montrer en même temps comment fonctionnent les diverses pompes dont il a
été question dans notre description de la machine.
H est le condenseur qui baigne dans une bâche
d'eau froide RR, et qui reçoit l'eau de cette bâche

par un tuyau *t*. Comme la condensation de la vapeur ne peut se faire sans que celle-ci ne cède à l'eau la chaleur qui la maintient à l'état gazéiforme, l'eau du condenseur s'échauffe constamment, et il importe de la remplacer, constamment aussi, par de nouvelle eau froide. De là, la nécessité d'une pompe d'épuisement E, qui est mue par la tige EA reliée au balancier; cette pompe refoule l'eau extraite et chaude dans une capacité R', et c'est là qu'agit à son tour la pompe réglementaire W, pour puiser l'eau et la refouler dans la chaudière. Y est la tige de cette pompe qui reçoit son mouvement du balancier.

Enfin on voit, en XX, la tige de la pompe U qui sert à alimenter d'eau froide la bâche RR. Cette pompe, ordinairement plus puissante que les deux autres, va chercher l'eau d'alimentation à une source voisine, source, puits ou rivière.

Cette complication d'organes, d'appareils accessoires, qui, du reste, empruntent tous leur mouvement de la machine à vapeur, n'existe que dans les machines à condensation, c'est-à-dire à basse ou à moyenne pression. Dans les machines à haute pression, fixes ou mobiles, le condenseur, les pompes d'épuisement et tous les mécanismes qui s'y rapportent sont supprimés. Il n'y a plus que la pompe d'alimentation. Mais nous avons pris pour modèle, précisément la machine à vapeur la plus compliquée, afin de ne rien oublier d'essentiel pour l'explication des mécanismes employés dans les différents types.

Fig. 59. — Machine à balancier de Watt.

v. Tuyau de prise de vapeur ; T, tiroir ; J, cylindre ; H, condenseur ; PE pompe d'épuisement ; WV pompe alimentaire de la chaudière
UX pompe d'alimentation de la bâche R ; p Z régulateur ; AB CD parallélogramme ; GM bielle et manivelle ; V volant.

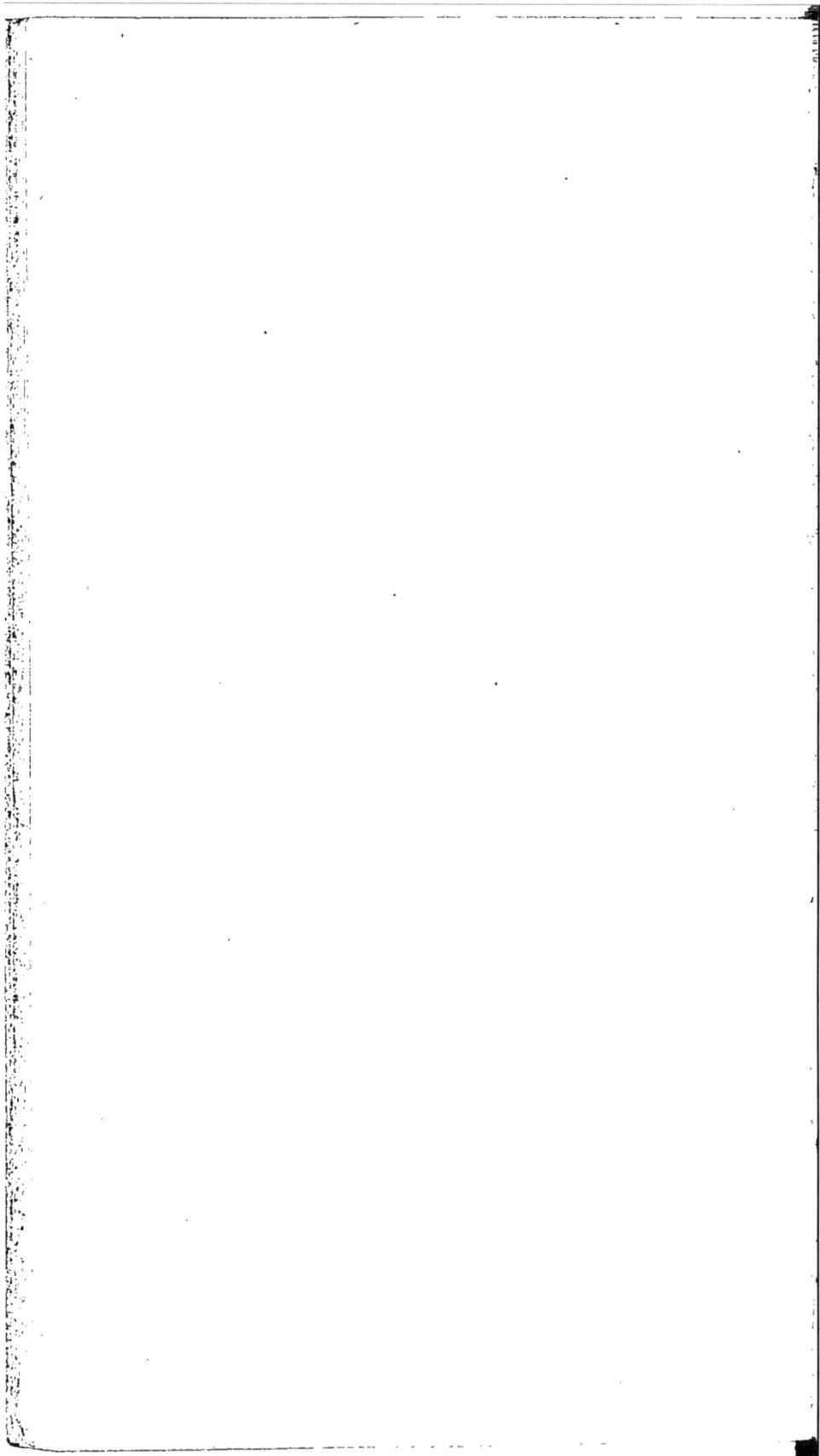

Machines à vapeur à transmission directe.

Machine à cylindre vertical, à haute pression, avec détente et sans condensation. — Machine à vapeur à cylindre horizontal. — Machines à fourreau, principalement utilisées dans la marine à vapeur. — Machine oscillante de Carré. — Machines à vapeur rotatives.

La transmission du mouvement dans les machines à balancier se fait indirectement, puisque
le mouvement du piston devient circulaire alternatif avant de devenir continu.

On a imaginé plusieurs moyens de transmettre
directement le mouvement du piston à l'arbre de
couche. De là les machines *verticales, horizontales,
oscillantes*. Je vais donner un modèle de chacun de
ces genres de machine.

La machine à cylindre vertical, que représentent sous ses deux faces les figures 60 et 61, est
une machine à haute pression, dans laquelle la
vapeur agit avec détente, mais sans condensation.
La légende montre quels sont les divers organes,
cylindre, tiroir, volant, régulateur ou pendule
conique, etc. Le seul point sur lequel je dois attirer l'attention est le mode de transmission du
mouvement.

La tige du piston est directement articulée à la
bielle EF, qui agit sur la manivelle de l'arbre moteur. Cette tige est guidée dans son mouvement
par une glissière, pièce horizontale mobile GG, qui
se meut le long de deux montants verticaux fixés
en K et H, c'est-à-dire, d'une part au cylindre, de
l'autre au bâti en fonte de la machine.

C'est, à la vérité, un mode de transmission tout

semblable, que celui de la machine *à cylindre horizontal* représentée par la figure 62. Nous en avons
dit assez pour faire comprendre, sans description

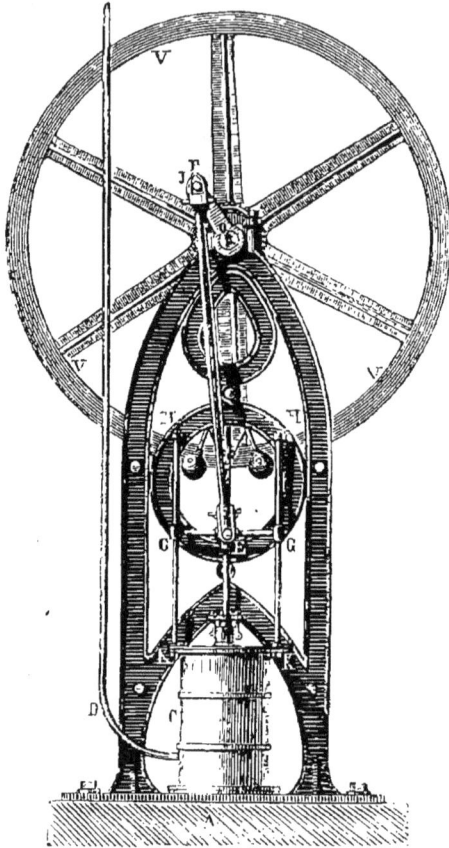

Fig. 60. — Machine a vapeur verticale.

Tuyau de prise de vapeur; C cylindre; BZ tiroir et boite à vapeur; GKH glissière; EJFO
bielle, manivelle et arbre moteur; VV volant; PO pompe alimentaire; D tuyau d'échappement.

spéciale, la disposition des organes de cette machine.

Dans les locomotives, nous verrons employer

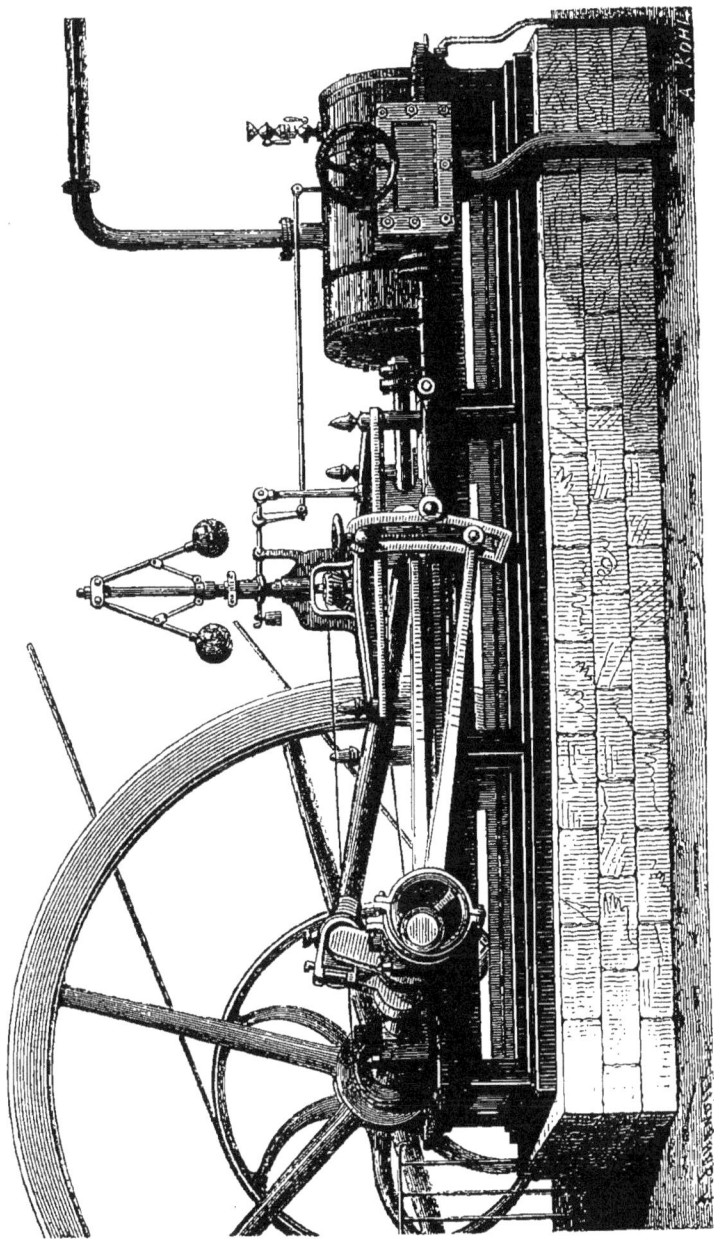

Fig. 61. — Machine à vapeur à cylindre horizontal et à transmission directe.

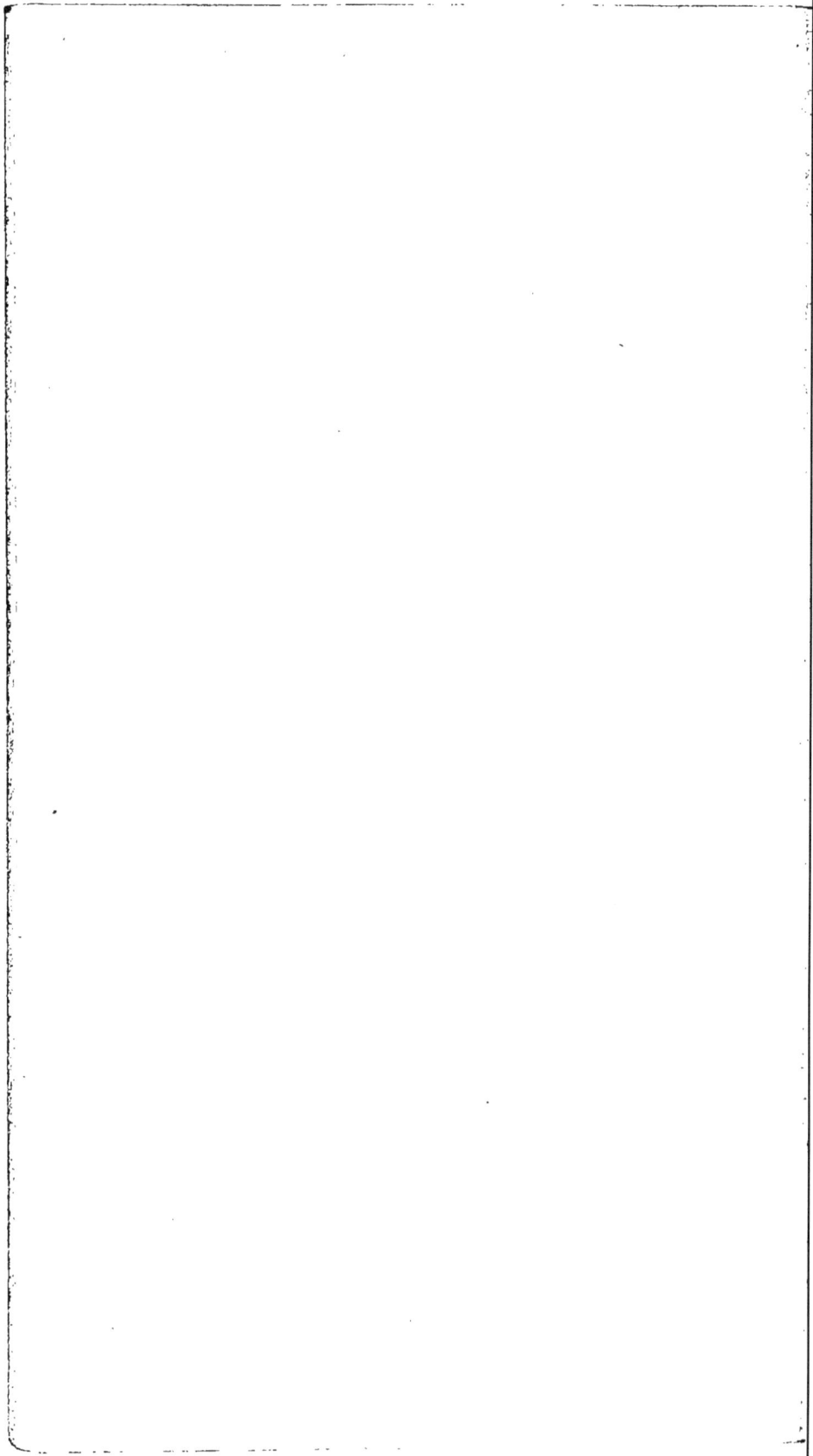

tantôt les cylindres horizontaux, tantôt les cylindres inclinés ; les raisons pour lesquelles on préfère telle ou telle de ces dispositions qui n'ont

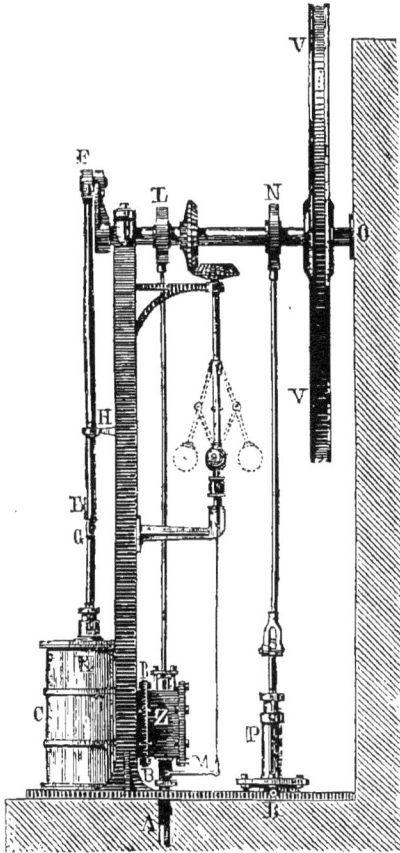

Fig. 62. — Machine à vapeur verticale.

A tuyau de prise de vapeur ; C cylindre ; BZ tiroir et boîte à vapeur ; GKH glissière ; EJFO
biello et manivelle et arbre moteur ; VV volant ; pompe alimentaire ; D tuyau d'échappement.

rien d'essentiel, sont en rapport soit avec la construction et l'agencement général des organes de
la machine, soit, pour les machines fixes, avec des

questions d'emplacement en surface, en hauteur, etc. En somme, cela ne change rien au mode de transmission en lui-même, qui, dans les machines que nous venons de décrire, consiste dans l'articulation directe de la tige du piston avec la bielle de l'arbre moteur.

Il n'en est plus de même dans les *machines à fourreau*, où la tige du piston est elle-même supprimée, et où la bielle est directement articulée

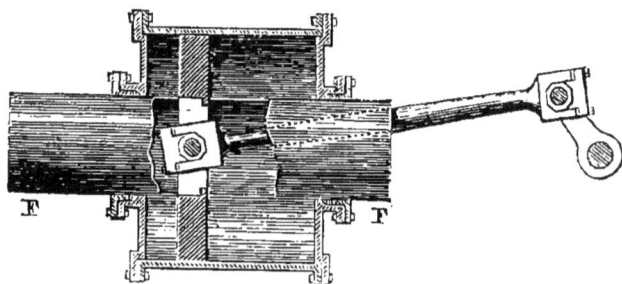

Fig. 63. — Cylindre, manchon et bielle de la machine à fourreau de Penn.

au piston lui-même. Le mouvement oscillant de cette bielle se fait dans un manchon ou fourreau cylindrique traversant le cylindre et que le piston enveloppe complétement. Cette disposition diminue la surface du piston frappée par la vapeur; il faut donc compenser cette diminution par un accroissement du diamètre du cylindre.

L'inconvénient de ce mécanisme très-simple est aisé à comprendre : d'une part, la vapeur se refroidit plus promptement, puisque la surface refroidissante y est plus considérable; d'autre part, les fuites s'y produisent plus facilement soit au-

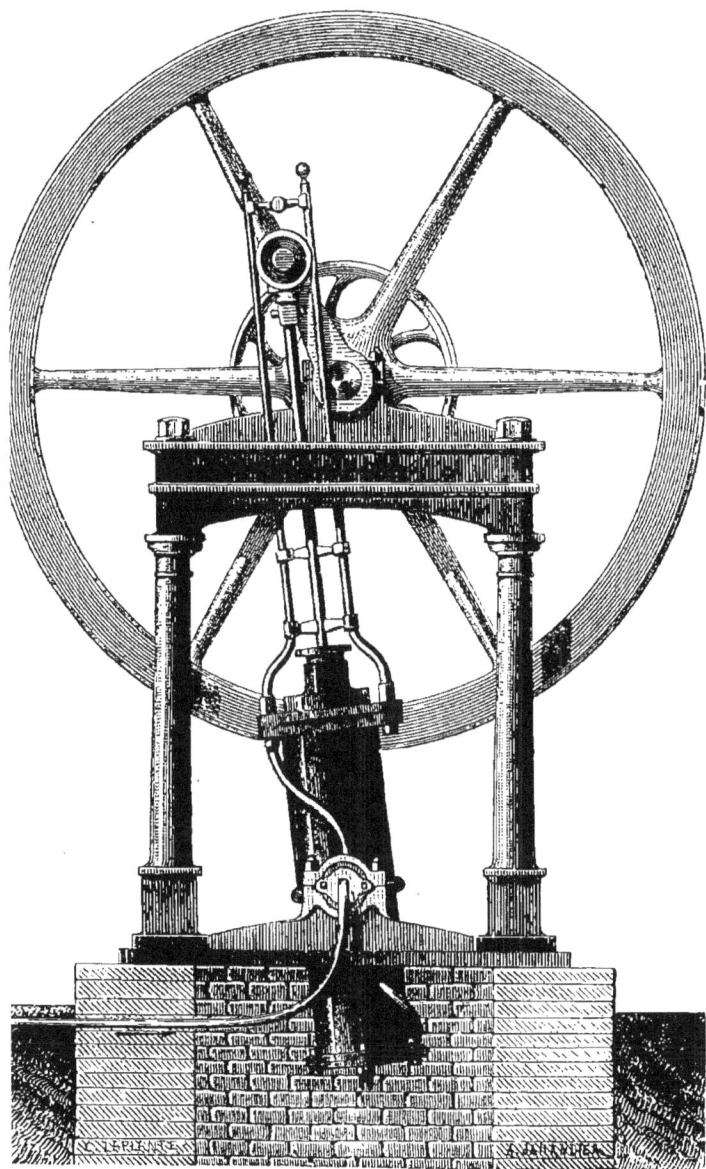

Fig. 64. — Machine à vapeur à cylindre oscillant.

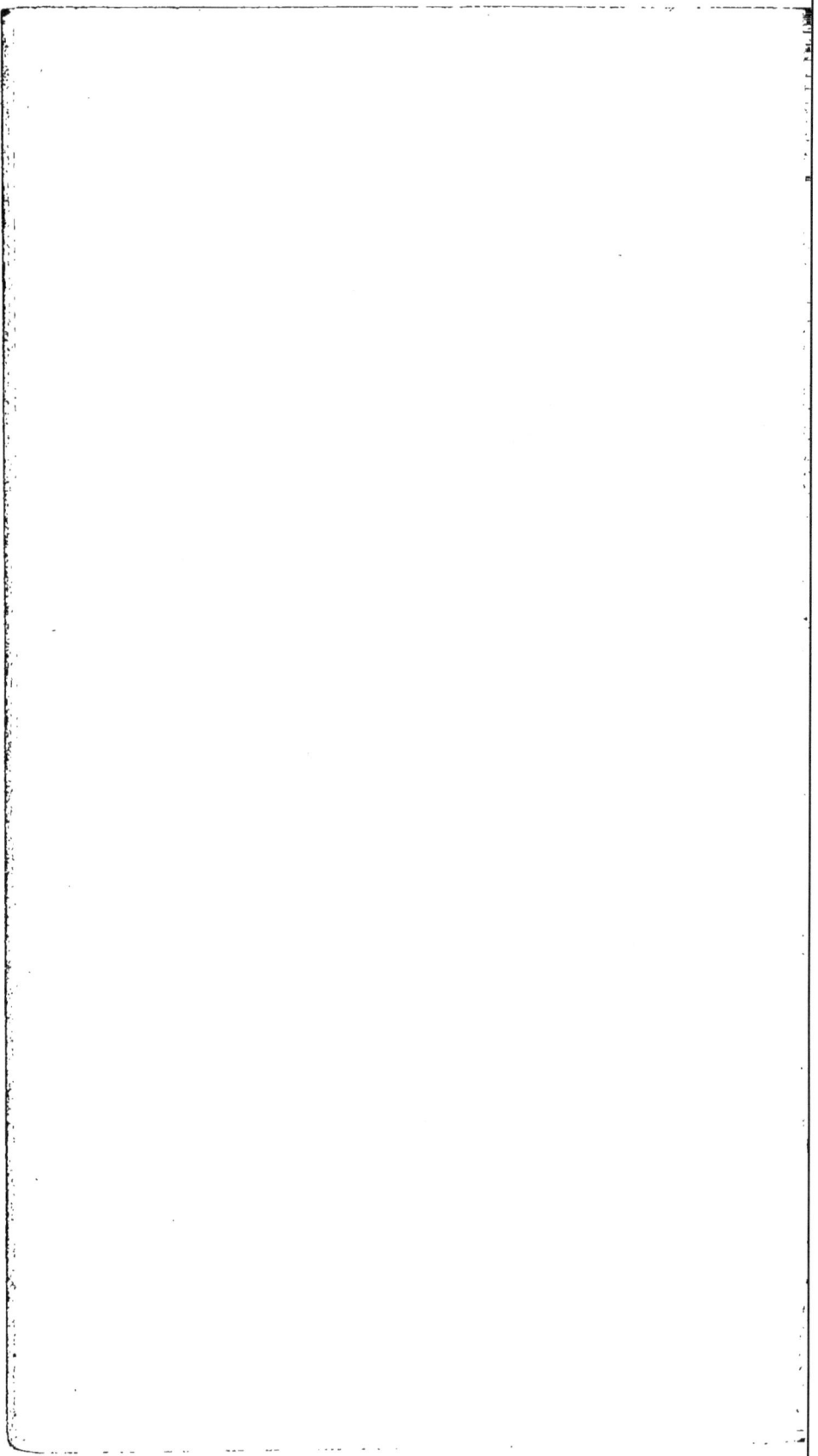

tour du manchon, soit par les rainures qui permettent le mouvement du piston.

Il est principalement adopté dans les machines marines anglaises.

Un fabricant français, M. Carré, avait imaginé les machines à *cylindre oscillant*, où la transmission se fait sans bielle, la tige du piston étant elle-même articulée directement à la manivelle de l'arbre moteur.

Le cylindre des machines oscillantes est porté par des tourillons comme une pièce d'artillerie sur son affût. Seulement les tourillons y sont creux et servent, l'un de lumière d'admission pour la vapeur, l'autre d'échappement. D'ailleurs, la distribution y est réglée par un tiroir comme dans les machines ordinaires. On distingue les machines oscillantes en horizontales et en verticales, suivant la direction moyenne du cylindre dans ses oscillations successives.

Ce genre de machines est aujourd'hui à peu près abandonné par l'industrie, sauf dans la navigation, où l'on rencontre souvent encore les machines à deux cylindres oscillants, sur les petits bateaux à vapeur. En tout cas, ce mode de transmission du mouvement est assez original pour que j'aie dû le signaler à mes lecteurs.

Il nous reste encore, avant d'étudier les machines à vapeur au point de vue des types, à parler d'une espèce de machine qui se distingue de toutes celles que nous avons passées en revue jusqu'ici par le principe même du mécanisme. Je veux parler des *machines à vapeur rotatives*, ainsi

nommées parce que la pièce sur laquelle la vapeur agit directement, celle qui correspond au
piston des machines à cylindre, reçoit un mouvement qui est immédiatement circulaire et continu.
Le problème de la transformation du mouvement
n'existe donc pas dans ces machines.

L'idée de résoudre de cette façon la question
des moteurs à vapeur n'est pas nouvelle. Elle était
venue à Watt dès 1782; mais les inconvénients de
cette disposition n'ont pas permis à la grande industrie de donner suite aux essais tentés dans
cette voie; aujourd'hui même, malgré les perfectionnements apportés à la construction des machines rotatives, ce n'est que dans des cas très-
spéciaux que l'industrie en fait usage.

Nous ne ferons que citer la *machine rotative à
disque*, imaginée par Bishope et construite par
Rennie[1]. L'intelligence du mécanisme, très-ingé-
nieux, mais d'une description difficile à suivre,
même à l'aide d'une figure, nécessiterait de trop
longs développements. Disons seulement qu'elle
a été adoptée, dans la marine russe, pour des
canonnières et de petits bateaux à vapeur à hélice.

La machine à vapeur rotative de l'Américain
Behrens, que nous avons vue fonctionner à Paris,
à l'Exposition universelle de 1867, est beaucoup
plus simple, au moins pour la description. La
figure 65 en donne une vue extérieure. Voici maintenant comment elle fonctionne et quelle est la

---

1. Voyez à ce sujet le *Dictionnaire des mathématiques appliquées* de Sonnet.

Fig. 65. — Machine à vapeur rotative de Behrens.

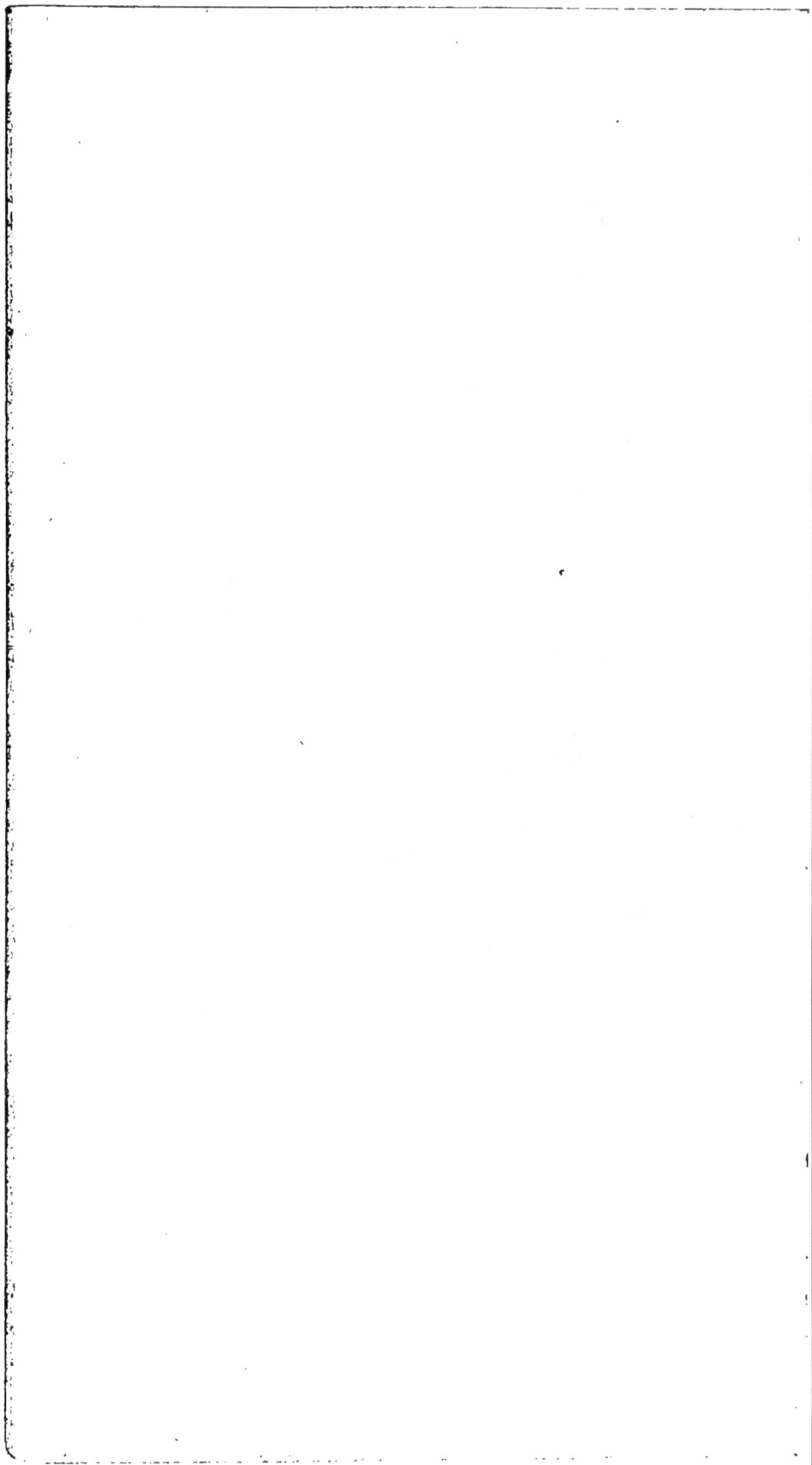

disposition du mécanisme moteur et de la distribution.

Sur deux arbres parallèles CC' (fig. 66), sont montées deux pièces en forme de portions de couronnes,
l'une et l'autre concentriques à l'arbre correspondant, et fixées par une de leurs extrémités à un
épaulement de ce dernier. Ces pièces jouent le rôle
du piston des machines ordinaires. Leurs faces
extérieures et convexes s'emboîtent dans un double cylindre AA parfaitement alésé, et leurs faces
inférieures et concaves se meuvent autour de deux
douilles fixes cc' concentriques à l'arbre. La forme
des différentes pièces est calculée de telle sorte
que chacun des pistons, dans son mouvement,
vient s'engager dans une entaille concentrique à
son arbre de rotation, pratiquée dans la douille
fixe de l'autre piston. Il résulte de cette disposition que jamais la vapeur ne peut passer entre
l'un des pistons et la douille de l'autre.

Voyons maintenant comment agit la vapeur.

Elle arrive par le tuyau d'admission B de la
chaudière, pénètre dans l'espace compris entre les
deux pistons et la douille c. Elle pousse, en s'appuyant sur la face convexe de E', la face concave
du piston E, fait tourner ce piston et son arbre
dans le sens marqué par la flèche. Comme les
deux arbres portent extérieurement des engrenages destinés à les faire tourner en sens inverse
et avec la même vitesse, l'arbre C' et son piston se
meuvent en sens contraire du premier.

Les dessins 2, 3 de la figure 66 montrent la disposition des pièces après un quart, puis après
une moitié de révolution. A ce moment, le pis-

ton E vient masquer l'ouverture B; la vapeur ne
peut plus agir sur ce piston, mais elle commence
à agir sur l'autre. Avant que commence le [troi-

Fig. 66. — Phases diverses d'un mouvement complet de rotation.

sième quart de la rotation (phase 4), l'ouverture
de la lumière d'échappement D est démasquée,
la vapeur de l'espace *a* s'échappe, le piston E continue à être entraîné dans son mouvement par

l'autre arbre et par sa vitesse acquise, et ainsi de
suite. La vapeur agit donc sur chaque piston pendant un peu plus de la moitié d'un tour, et alternativement chacun des arbres reçoit son mouvement de la vapeur même et de l'autre arbre avec
lequel il engrène. L'un des deux arbres est l'arbre
moteur de la machine; on le munit d'un volant.
La machine rotative de Behrens est, comme on
voit, une machine à vapeur sans détente et sans
condensation. Mais il est possible, à l'aide d'une
valve convenablement disposée, de la faire fonctionner avec détente.

Une des applications originales de cette machine consiste à l'employer comme moteur d'une
pompe construite sur le même principe et fonc-
tionnant de la même manière. Aux États-Unis,
elle sert dans les brasseries et les raffineries,
comme pompe élévatoire des liquides, eau, bière,
sirops, etc. L'usage en est peu répandu en Europe, mais il paraît constant que cette machine a
une véritable valeur industrielle.

Résumé.

En quoi consiste la machine à vapeur : révision de ses principaux organes.
— Machines à basse pression, à moyenne et à haute pression. — Ce que
c'est qu'un cheval-vapeur; comparaison du travail journalier d'un cheval-
vapeur et d'un cheval vivant de moyenne force. — Puissance de la chaudière; rapport de cette puissance avec la surface de chauffe et la consommation de houille.

Telle est la machine à vapeur moderne, dans
son ensemble et dans les détails principaux de son
organisme.

En résumant en quelques lignes la description

qui a été l'objet des trois ou quatre chapitres
précédents, on voit que la machine à vapeur consiste :

1° En une chaudière ou *générateur à vapeur* qui
transforme en force élastique disponible la puissance contenue dans un combustible, la houille
par exemple. La chaleur est l'agent de cette transformation ; elle passe du foyer aux parois qui constituent la *surface de chauffe* de la chaudière, et,
se communiquant de la fonte à l'eau, elle en élève
la température, en provoque et maintient l'ébullition, fournissant d'une façon continue au réservoir de vapeur la masse gazeuse et élastique, à
une pression en rapport avec le travail à produire. Foyer, grille, cendrier, carneaux et cheminées, bouilleurs et corps de la chaudière, soupapes
et avertisseurs de sûreté, manomètres, indicateurs
de niveau et de pression, tel est le *générateur* de
la machine, avec ses accessoires ;

2° La vapeur produite, la machine proprement
dite se compose d'organes du mouvement, du récepteur de la force et des appareils de distribution
ayant pour objet la production d'un mouvement
alternatif rectiligne. Le cylindre, la boîte à vapeur, le tiroir, le condenseur, sont les principaux
organes de cette partie de la machine. C'est le
mécanisme moteur.

Enfin, 3° le mouvement une fois produit sous
sa forme immédiate, il s'agit de le transformer, de
le rendre apte au travail que l'industrie exige ; et
c'est le plus souvent sous forme de mouvement
circulaire continu. Les bielles, manivelles, balan-
ciers, glissières sont les organes ordinairement

employés pour cette partie de la machine à laquelle nous avons réservé le nom de *mécanisme de transmission*. Le volant et les régulateurs ont un objet particulier, qui est de maintenir dans les limites convenables la vitesse de régime ou la puissance du moteur.

Ces différentes fonctions bien comprises, les appareils qui les remplissent bien clairement conçus, au moins dans leurs dispositions principales, on peut, sans craindre de s'égarer, aborder l'examen des différents types de machines qui ont été imaginés depuis l'origine ou l'invention de la vapeur, et dont un grand nombre sont aujourd'hui employés dans l'industrie manufacturière, dans les voies ferrées et la navigation, et enfin dans l'agriculture.

Avant de faire cette revue des types, avant de montrer la vapeur à l'œuvre dans les services multiples qu'elle rend à la civilisation, il faut encore qu'on me permette, non une digression, il s'agit d'une chose essentielle, mais une courte explication de quelques termes et locutions fréquemment employés quand on parle des machines et qu'on évalue leur puissance.

Déjà j'ai dit ce qu'on entend par machine à *basse pression*, à *moyenne* et à *haute pression*. Précisons encore.

Une machine à basse pression est celle où la vapeur possède une tension qui ne dépasse pas *une atmosphère et demie*. Une telle machine possède toujours un condenseur.

Quand la chaudière donne de la vapeur à une tension comprise entre *trois et cinq atmosphères*, la machine est une machine à vapeur à moyenne pression. On y adjoint, le plus souvent, un condenseur, mais cela n'est pas nécessaire.

Enfin, quand la tension de la vapeur dépasse *cinq atmosphères*, auquel cas la machine fonctionne généralement sans condenseur, on a affaire à une machine à haute pression.

Mais la puissance d'une machine ne dépend pas seulement de la force élastique de la vapeur qui sert à la mouvoir. Ce n'est là qu'un élément; il faut tenir compte, en partant de cet élément, des dimensions du cylindre, du nombre des coups de piston que la machine donne par minute ou par heure, nombre qui dépend lui-même de la quantité de vapeur régulièrement fournie par la chaudière. On arrive ainsi à évaluer le travail de la vapeur sur le piston. Mais ce travail, pour être transmis à l'arbre de couche et au volant, est en partie absorbé par les frottements et résistances des organes de transmission, de sorte qu'il y a lieu de le réduire d'après les données de l'expérience pour en conclure le travail réel, la puissance effective de la machine.

Ce travail s'évalue en *chevaux-vapeur*. On dit ainsi, d'une machine, qu'elle est une machine de 3, 4, 10, 50, 500 chevaux.

Avant d'aller plus loin, disons donc clairement ce que signifie cette expression de *cheval-vapeur*.

Un effort exercé s'évalue en kilogrammes, ce qui revient à dire qu'on assimile l'effet d'une force à celui d'un poids, par exemple à l'effet qu'un nombre donné de kilogrammes produit sur un ressort. Mais cela ne suffit point pour mesurer le travail effectué par un moteur quelconque, car ce travail dépend encore du temps ou la vitesse du mouvement produit. Pour achever de le définir, il faut dire quel chemin le moteur fait parcourir au poids pendant l'unité de temps, pendant une seconde.

C'est ainsi qu'on nomme *kilogrammètre* le travail d'une force capable de transporter un kilogramme à une distance d'un mètre, en une seconde. Telle est l'unité de travail généralement adoptée par les mécaniciens.

Seulement, dans la pratique, et quand il s'agit du travail des machines, on emploie une autre unité, qui est 75 fois aussi grande que la première, qui vaut donc 75 kilogrammètres et à laquelle l'usage applique la dénomination de *cheval-vapeur*.

Voici à quelle occasion cet usage s'est introduit.

Quant Watt eut apporté aux premières machines à vapeur les perfectionnements qui les firent adopter dans les mines et dans l'industrie anglaise, les fabricants de ces machines se virent dans l'obligation de garantir à ceux qui leur faisaient des commandes la puissance des nouveaux engins. Dans les mines, on employait généralement des chevaux qui faisaient tourner des manéges. Le travail journalier et moyen de ces animaux fut pris pour terme de comparaison, et l'estimation, faite expérimentalement par Watt de ce travail, ou *horse-power*, servit à évaluer la puissance des machines livrées. On s'arrêta à un chiffre qui, traduit en mesures métriques, correspondait à 74 ou 76 kilogrammes transportés à 1 mètre. La moyenne, 75 kilogrammètres, a été définitivement

adoptée en France, et est, aujourd'hui, universellement adoptée. Mais qu'on ne s'y trompe point.
Le travail de la vapeur est supposé continu, et les
machines travaillent des jours et des nuits sans
reposer. Une machine de la puissance d'un cheval
fait donc, en un jour, c'est-à-dire en 86 400 se-
condes, un travail équivalant à 86 400 × 75 ou
à 6 480 000 kilogrammètres. Un cheval vivant et
réel, au contraire, est dans la nécessité de se reposer; en le faisant travailler 8 heures par jour,
il ne développerait qu'un travail trois fois inférieur à celui de la même machine.

En réalité, c'est encore là une évaluation trop
forte. Les chiffres de Watt, si l'on en juge par les
expériences faites depuis, s'appliquaient à des
chevaux dont la vigueur dépassait la moyenne, et
qui probablement étaient surmenés. Il résulte, des
expériences auxquelles nous venons de faire allusion, qu'un cheval de force ordinaire, attelé à un
manége, allant au pas, développe une force égale
à 40 kilogrammètres et demi, ce qui, pour une
journée de 8 heures, donne 1 166 400 kilogrammètres.

On voit donc, par la comparaison des deux
chiffres relatifs au travail de la machine et à celle
de l'animal, qu'en réalité, pour remplacer une
machine dont la puissance est d'un *cheval-vapeur*,
il faudrait employer à faire tourner, sans discon-
tinuité, un manége donnant le même travail, un
peu plus de *cinq chevaux et demi*.

Au fait, le choix de l'unité importe peu : l'essentiel est de se rappeler la définition et l'équivalence
du cheval-vapeur.

Autre chose est d'évaluer la puissance effective d'une machine construite, autre chose aussi est de calculer et de combiner les dimensions relatives d'une chaudière, celle du cylindre, de la détente, etc.... quand on se propose de construire une machine dont la puissance est donnée d'avance. C'est là un problème très-complexe, que tous les jours ont à résoudre les ingénieurs mécaniciens, et dont le lecteur trouvera la solution dans les ouvrages spéciaux de mécanique pratique. Cette solution ne serait point ici à sa place. Mais peut-être ne sera-t-on pas fâché d'en connaître au moins les principaux éléments. Essayons donc.

Parlons d'abord de la chaudière.

Ce qui constitue sa puissance, c'est la quantité ou le poids de vapeur qu'elle est capable de produire en une heure, quand elle est en plein fonctionnement. Or, c'est surtout de la surface de chauffe que dépend cette quantité, de sorte que, toutes choses égales d'ailleurs, c'est le générateur qui offre au foyer et au gaz de la combustion la plus grande étendue de surface de chauffe qui est le plus puissant.

Quant à la consommation du charbon, elle est évidemment en rapport avec la surface de chauffe ; mais elle varie d'une machine à l'autre, selon le type de la machine, suivant qu'elle est à haute, à basse ou à moyenne pression, suivant enfin qu'elle fonctionne avec ou sans condenseur, avec ou sans détente. Voici à ce sujet quelques données de l'expérience.

La pratique a fait reconnaître qu'il faut compter, pour chaque cheval-vapeur, une surface de chauffe variant entre 1 mètre carré et 1 mètre carré et demi. Une machine à vapeur de la force de 10 chevaux doit donc avoir un générateur ayant entre 10 et 15 mètres carrés de surface de chauffe. La quantité de vapeur produite par heure est alors en moyenne de 20 kilogrammes par cheval, de sorte que la chaudière d'une machine de 10 chevaux doit pouvoir vaporiser par heure 200 kilogrammes, soit environ 200 litres d'eau.

Quant à la consommation de la houille par heure et par cheval, elle varie, avons-nous dit, avec les machines. Les machines de Watt, à basse pression, consomment de 5 à 6 kil. de houille; celles de Woolff, 3 kilogrammes ; les machines à haute pression, à détente et sans condenseur, consomment de 4 à 5 kilogrammes par force de cheval et par heure. Ce sont les moins économiques, mais elles rachètent ce défaut par des avantages que nous aurons occasion de signaler plus loin.

Un mot maintenant sur la puissance d'une machine dans son rapport avec les dimensions du cylindre et avec la vitesse du piston, ou, ce qui revient au même, avec le nombre des coups de piston par minute ou par heure.

La pression de la vapeur étant connue par la lecture du manomètre, comment calculera-t-on le travail qu'effectue le piston pendant sa course dans le cylindre ? Prenons un exemple qui fera comprendre à la fois la question et la réponse qu'on doit y faire.

Supposons une pression de 4 atmosphères dans une machine à condensation, ou de 5 atmosphères dans une machine dépourvue de condenseur. L'effort exercé par la vapeur sur le piston sera le même en réalité dans les deux cas, puisque, dans le second, la pression atmosphérique s'exerce sur la face du piston opposée à celle où s'exerce la force élastique du fluide. C'est donc, sur chaque centimètre carré de la surface, 1033 kilog. multiplié par 4 qui mesurera l'effort de la vapeur.

Autant la surface du piston contient de centimètres carrés, autant il faudra répéter de fois ce résultat.

Mais ceci ne donne pas le travail mécanique, qui sera d'autant plus grand que la longueur du cylindre ou la course du piston sera plus grande. Pour avoir ce travail en kilogrammètres, il faut encore multiplier le résultat précédent par cette longueur, de sorte qu'on peut donner la règle suivante :

Multipliez la surface du piston par sa course exprimée en mètres, par la pression effective de la vapeur et par 1033, et vous aurez le nombre de kilogrammètres qui mesure le travail effectué par le piston dans sa course. Mais la surface multipliée par la longueur du cylindre, c'est le volume de ce dernier.

Ainsi, le travail est proportionnel et à la pression de la vapeur et au volume du cylindre. Supposons, dans le cas que nous prenons pour exemple, le diamètre du cylindre égal à 40 centimètres, sa longueur égale à 60 centimètres, le travail d'une course du piston sera :

$$\pi . \overline{20}^{2} \times 40 \times 1033 \times 4 \text{ ou } 207^{ks},7.$$

Un coup de piston se composant de deux courses, ce sera 415 kilogrammètres pour chaque coup.

Ceci ne donne le travail de la machine que pour un va-et-vient du piston, de sorte qu'il faut connaître encore le nombre de ses mouvements par minute ou par heure, pour évaluer définitivement en chevaux-vapeur la puissance de la machine.

Cette vitesse du piston est très-variable. Mais elle ne dépasse guère 60 coups par minute, soit un coup par seconde. S'il s'agissait de cette vitesse maximum, la puissance de la machine serait précisément 415 kilogrammètres par seconde, ou 5.53, un peu plus de 5 chevaux et demi. Supposons 44 coups de piston par minute, cela fera en tout 18 278 kilogrammètres, c'est-à-dire 304 kilogrammètres par seconde, ou presque exactement une puissance de 4 chevaux-vapeur.

Ces détails, dont on me pardonnera l'aridité, feront saisir nettement, je l'espère, la signification des termes qui reviennent si souvent dans le langage industriel, quand on évalue la puissance des machines, et feront comprendre aussi quels éléments entrent dans les combinaisons et les calculs de l'ingénieur mécanicien, quand il fait le plan d'une machine à vapeur. J'ai pris ici les choses, bien entendu, dans leur simplicité, car c'est l'esprit de la méthode, non la méthode même dans sa rigueur, que j'avais en vue.

Nous allons maintenant voir les machines à vapeur installées et en fonction. Nous les verrons à l'œuvre dans les diverses industries qui les emploient, ce qui nous permettra d'étudier, sous un autre aspect, les genres, espèces et variétés de ces puissants engins. Mais alors l'occasion sera excellente pour montrer quels rapides progrès a faits leur construction depuis l'époque où le génie de Papin a indiqué la véritable voie à suivre pour utiliser industriellement la puissance de la vapeur, et surtout depuis l'époque où le génie de Watt a universalisé cette merveilleuse invention.

Trois phases principales distinguent cette période mémorable : la première est relative à l'application de la vapeur à l'industrie minière ou manufacturière ; la seconde commence à la naissance de la navigation à vapeur, fluviales et maritime ; la troisième a pour point de départ la circulation de la première voiture à vapeur sur les voies ferrées. Si l'on juge par les récents essais de ces vingt dernières années, l'application de la vapeur à l'agriculture constituera une phase nouvelle, non moins intéressante et non moins féconde que les trois autres.

V

APERÇU HISTORIQUE SUR LA MACHINE A VAPEUR

Machines à vapeur de Savery.

Machine de Savery, pour l'élévation des eaux. — Description de la machine à vapeur atmosphérique de Newcomen. — Condensation par injection d'eau froide. — Le jeune Henri Potter. — Emploi des machines atmosphériques pour l'épuisement des mines.

Les premières machines à vapeur réellement appliquées dans l'industrie furent celles de Savery (1696-1698). Le principe en avait été donné par Papin, puisque, comme le dit Arago : « Papin est le premier qui ait songé à combiner, dans une même machine à feu, l'action de la force élastique de la vapeur, avec la propriété dont cette vapeur jouit et qu'il a signalée, de se condenser par refroidissement. » Le dessin de la machine élévatoire de Savery, que reproduit la figure 67 dans ses dispositions essentielles, montre que cet ingénieur produisait la vapeur dans un vase séparé B (c'est la chaudière). Le fluide remplissait d'abord le vase S et le tuyau A, dont il chassait l'air. Fermant alors le robinet C, et ouvrant le robinet *e* d'un réservoir plein d'eau froide, il produisait la conden-

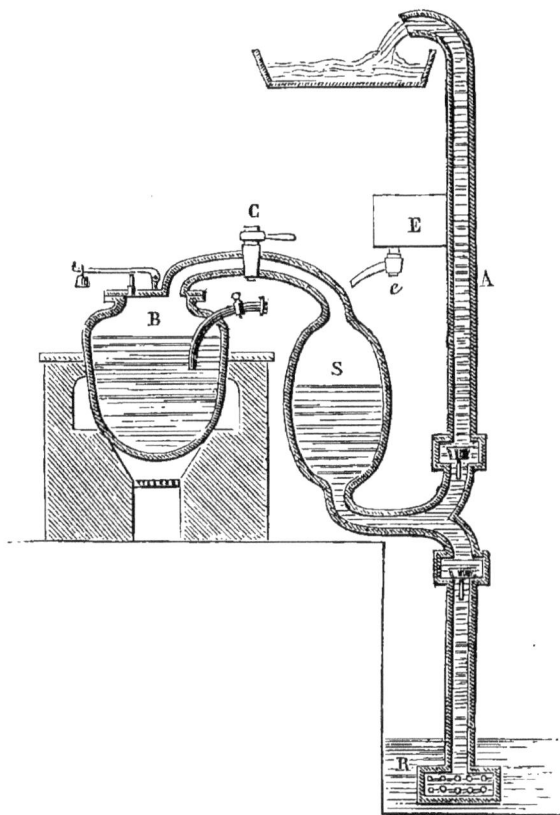

Fig. 67. — Machine à vapeur de Savery (1696).

sation de la vapeur du vase S, le vide se faisait, et l'eau du réservoir R montait et remplissait en partie le vase et le tuyau. Un jet de vapeur, venant alors de la chaudière et pressant sur la surface du liquide, le forçait à s'élever à une hauteur qui dépendait de la pression. Puis survenait une condensation nouvelle, une nouvelle action de la vapeur, et ainsi indéfiniment.

« Pour élever l'eau à la petite hauteur de 65 mètres (200 pieds), par exemple, Savery était forcé, dit Arago, de porter la vapeur de sa chaudière à six atmosphères ; de là des dérangements continuels dans les joints ; de là aussi la fonte des mastics et même de dangereuses explosions. Aussi, malgré le titre de son ouvrage (*l'Ami du mineur, Miner's Friend*), les machines de cet ingénieur ne servirent point utilement dans les mines. Elles ne furent employées que pour distribuer l'eau dans les diverses parties des palais ou des maisons de plaisance, dans des parcs ou dans des jardins, partout, en un mot, où la différence de niveau à franchir ne surpassait pas une quarantaine de pieds. »

La machine de Savery, comme on voit, utilisait la force élastique de la vapeur pour refouler l'eau directement, et la condensation de cette vapeur pour produire le vide et l'ascension de l'eau sous l'action de la pression atmosphérique. C'était une sorte de pompe aspirante et foulante où l'action de la vapeur jouait le rôle de la force musculaire appliquée au jeu du piston dans le cylindre de ces appareils hydrauliques. Elle n'est point comparable à la machine à vapeur moderne, telle que nous la connaissons.

Quatorze ou quinze années après la première tentative de Papin, l'ingénieur anglais Savery s'associa à deux de ses compatriotes, Thomas Newcomen et John Cawley, tous deux vivant dans la ville de Darmouth en Devonshire, où ils exerçaient, le premier, la profession de forgeron ou de quincaillier, le second l'état de vitrier. De cette association naquit la machine à vapeur connue sous le nom de machine de Newcomen ou de *machine atmosphérique*.

Disons rapidement quel est, dans cette machine, le mode d'action de la vapeur.

La chaudière fournit de la vapeur à une pression un peu supérieure à la pression atmosphérique. Au moment de la mise en train, le piston étant à la partie supérieure du cylindre, la vapeur remplit ce dernier, en chasse l'air par un orifice V auquel on donne le nom de *reniflard*. Alors, on ouvre le robinet du tuyau LO, et de l'eau froide, injectée dans le cylindre, y condense la vapeur[1]; le robinet fermé, la pression extérieure agit sur le piston et le fait descendre au bas du cylindre.

A ce moment, un tiroir débouche la communication du cylindre avec la chaudière, de sorte que la vapeur, en dessous, et la pression atmosphérique au-dessus du piston, se font équilibre. Le piston resterait donc dans cette situation, si un contre-poids I, lié au balancier de la machine, ne le forçait à remonter à la partie supérieure du cylindre. Une nouvelle condensation le fait redescendre, et ainsi de suite : le mouvement de va-et-vient est produit.

On voit maintenant la raison de la dénomination de machine *atmosphérique* donnée à la machine de

---

1. Dans la figure, le dessinateur devait terminer au fond inférieur du cylindre l'orifice du tuyau qui projette l'eau de condensation. Tel qu'il est représenté, il gênerait le jeu du piston.

Newcomen : c'est la pression de l'air extérieur qui
est le moteur ; la vapeur n'intervient que pour lui
faire équilibre pendant l'ascension du piston. Pen-

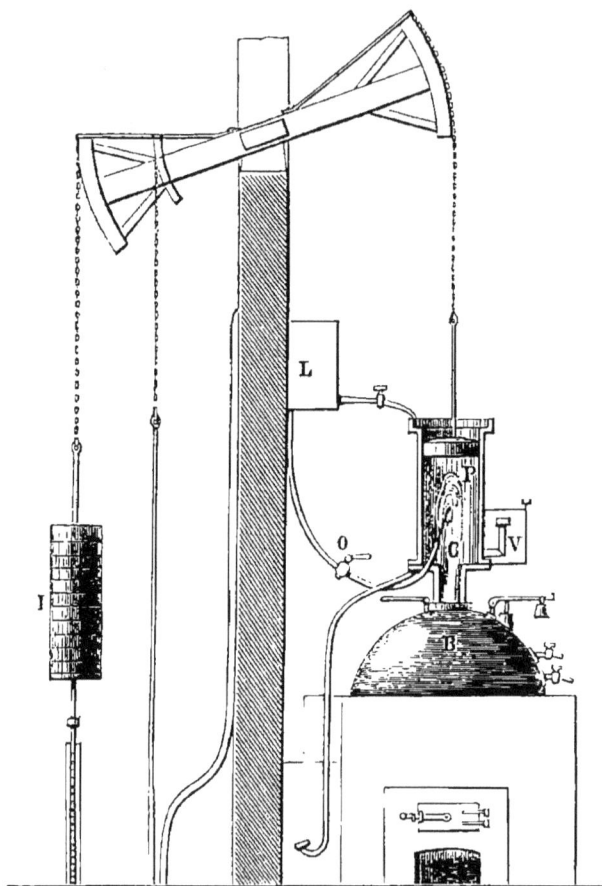

Fig. 68. — Machine à vapeur atmosphérique de Newcomen (1705).

dant la descente, la condensation de la vapeur
produit le vide, et c'est encore la pression de l'air
qui fait descendre le piston.

C'est la machine de Papin, mais modifiée, amé-

liorée, au point d'être devenue pratique. Comme
dans la première machine de Savery, la chaudière
est séparée du récepteur ou du cylindre : c'est là
un perfectionnement sur la machine de Papin ;
l'introduction du cylindre est un autre progrès sur
la machine de Savery. La condensation, au lieu
d'être produite par le refroidissement qui suivait
l'éloignement du foyer, l'est par injection d'eau
froide dans la capacité du cylindre. Dans les premiers essais, la condensation se faisait extérieurement par injection d'eau froide sur les parois du
cylindre, et c'est un heureux hasard qui mit les
trois associés sur la voie de l'amélioration nouvelle. Voici comment la chose arriva ; nous citons
encore Arago :

« Au commencement du dix-huitième siècle, l'art
de construire de grands corps de pompe parfaitement cylindriques, l'art d'ajuster dans leur intérieur des pistons mobiles qui les fermassent hermétiquement, étaient très-peu avancés. Aussi dans
la machine de 1705, pour empêcher la vapeur de
s'échapper par les interstices compris entre la surface du cylindre et les bords du piston, ce piston
était-il constamment couvert à sa surface supérieure d'une couche d'eau qui pénétrait dans tous
les vides et les remplissait[1]. Un jour qu'une machine de cette espèce marchait sous les yeux des
constructeurs, ils virent, avec une extrême sur-
prise, le piston descendre plusieurs fois de suite,
beaucoup plus rapidement que de coutume. Cette
vitesse leur parut d'autant plus étrange, que le

1. La figure 68 montre la disposition qui amène l'eau à la surface supérieure du piston.

refroidissement produit par le courant d'eau froide qui descendait extérieurement le long de la surface du corps de pompe n'avait amené jusque-là la condensation de la vapeur intérieure qu'assez lentement. Après vérification, il fut constaté que, ce jour-là, c'était d'une tout autre manière que le phénomène s'opérait : le piston se trouvant accidentellement percé d'un petit trou, l'eau froide qui le recouvrait tombait *dans l'intérieur même du cylindre, par gouttelettes, à travers la vapeur*, la refroidissait et dès lors la condensait plus rapidement. »

Ce n'est pas la seule fois que le hasard a été le collaborateur des inventeurs, dans le domaine des sciences appliquées, ce qui, par parenthèse, ne diminue point le mérite de l'invention. Il ne suffit pas d'être témoin d'un fait ; il faut encore savoir l'observer, c'est-à-dire en tirer les conséquences convenables. Citons encore, d'après Arago, un exemple de cette collaboration, où le hasard d'ailleurs n'a plus qu'une part assez faible, car il n'a guère été que l'excitateur de la découverte.

« La première machine de Newcomen exigeait l'attention la plus soutenue de la part de la personne qui fermait ou ouvrait sans cesse certains robinets, soit pour introduire la vapeur aqueuse dans le cylindre, soit pour y jeter la pluie froide destinée à le condenser. Il arrive, dans un certain moment, que cette personne est le jeune Henri Potter. Les camarades de cet enfant, alors en récréation, font entendre des cris de joie qui le mettent au supplice. Il brûle d'aller les rejoindre, mais le travail qu'on lui a confié ne permettrait pas

même une demi-minute d'absence. Sa tête s'exalte;
la passion lui donne du génie; il découvre des relations dont jusque-là il ne s'était pas douté. Des
deux robinets, l'un doit être ouvert au moment où
le balancier que Newcomen introduisit le premier
et si utilement dans ses machines a terminé l'oscillation descendante, et il faut le fermer, tout
juste, à la fin de l'oscillation opposée. La manœuvre du second est précisément le contraire. Ainsi
les positions du balancier et celles des robinets
sont dans une dépendance nécessaire. Potter s'em-
pare de cette remarque. Il reconnaît que le balancier peut servir à imprimer aux autres pièces tous
les mouvements que le jeu de la machine exige et
réalise à l'instant sa conception. Les extrémités de
plusieurs cordons vont s'attacher aux manivelles
des robinets; les extrémités opposées, Potter les
lie à des points convenablement choisis sur le balancier; les tractions que celui-ci engendre sur
certains cordons en montant, les tractions qu'il
produit sur les autres en descendant, remplacent
les efforts de la main; pour la première fois, la
machine à vapeur marche d'elle-même; pour la
première fois, on ne voit auprès d'elle d'autre ouvrier que le chauffeur, qui, de temps en temps, va
raviver et entretenir le feu sous la chaudière. »

Les machines atmosphériques étaient surtout
employées comme machines d'épuisement de l'eau
des mines. Elles ont été également appliquées à
la distribution des eaux dans la ville de Londres.
Malgré les immenses perfectionnements apportés
pendant un siècle et demi aux moteurs qui ont la

vapeur pour agent, il paraît que les machines de
Newcomen étaient encore il y a quelque temps et
sont peut-être aujourd'hui encore employées dans
les lieux où la houille coûte peu de chose[1].

La machine à vapeur, sauf quelques perfectionnements de détail, resta ce que l'avaient faite Newcomen, Savery et Cawley, jusqu'en 1769. Soixante-
quatre ans s'écoulèrent donc ainsi, infructueuse-
ment pour ainsi dire, jusqu'à ce que le génie de
Watt, secondé par les progrès rapides des sciences
physiques dans ce demi-siècle, en fit le puissant
moteur, l'incomparable engin dont nous avons
donné la description en choisissant précisément
pour type la machine à balancier qui porte encore
aujourd'hui le nom de Watt.

Watt et la machine à vapeur.

Invention de la machine à double effet. — Transformation de la machine à
épuisement en moteur universel. — Le condenseur. — Le régulateur à
force centrifuge. — Immense économie de combustible résultant de l'invention du condenseur. — Emploi de la détente.

J'ai signalé à peu près complétement, au fur et
à mesure de cette description, les inventions du
grand ingénieur et mécanicien anglais. Mais il ne
m'était pas possible, sans risquer d'allonger outre
mesure et par suite d'obscurcir le récit, d'insister
sur l'importance de chacune d'elles. C'est le moment de combler cette lacune : j'y procéderai en

1. C'est ce que constatait Arago en 1837, et il ajoutait que dans
les lieux dont il s'agit, « on n'a point trouvé de profit à les remplacer. » Les dépenses beaucoup moins fortes de premier établissement et d'entretien compensant en effet, avec le bon marché du
combustible, la consommation plus considérable de ce dernier.

suivant l'ordre chronologique, et ainsi peu à peu se complétera l'histoire même de la machine à vapeur.

Et d'abord, on vient de voir que les machines de Newcomen étaient de simples pompes, d'excellents engins à la vérité pour épuiser l'eau des mines, mais non pas de vrais moteurs universels, capables de fournir pour les besoins d'une usine quelconque un mouvement régulier et constant. La raison en est simple. La pression de l'atmosphère qui agit pour produire le mouvement descendant du piston est la vraie force motrice de ces machines, qui n'ont aucune puissance effective pendant la course ascendante ; c'est tout ce qu'il fallait pour le jeu des pompes qu'elles faisaient mouvoir ; c'eût été un grave inconvénient pour une machine motrice qui ne doit avoir aucune intermittence d'action.

Les machines atmosphériques étaient donc des machines à *simple effet*. Watt les transforma d'abord en machines à *double effet*. Il supprima l'action de l'atmosphère et lui substitua dans les deux phases du mouvement l'action de la vapeur. Le cylindre, ouvert par en haut, fut remplacé par le cylindre fermé à ses deux bouts, divisé par le piston en deux capacités distinctes où la vapeur pénètre alternativement, et où elle est alternativement condensée.

Ainsi fut créée la vraie machine à vapeur, celle où le fluide élastique est le véritable moteur, cause unique du mouvement. Les oscillations du piston communiquent alors au balancier des oscillations d'égale force, d'égale amplitude. En un mot, avec le double effet, la machine à vapeur devint un moteur universel, applicable à toutes les industries.

D'ailleurs, Watt, en universalisant l'emploi de la machine à vapeur, ouvrait par cela même la porte aux perfectionnements. Lui-même consacra toutes ses forces, toute son intelligence à cette tâche si ardue à l'origine. Par l'invention du *gouverneur* (c'est le nom anglais, *governor*, du régulateur à force centrifuge), il réduisit encore les inégalités

Fig. 69. — James Watt, d'après le médaillon de David (d'Angers).

du mouvement. « L'efficacité du régulateur est telle, dit Arago dans sa Notice biographique sur Watt, qu'on voyait, il y a peu d'années, à Manchester, dans la filature de coton d'un mécanicien de grand talent, M. Lee, une pendule mise en action par la machine à vapeur de l'établissement, et qui marchait sans trop de désavantage à côté d'une pendule ordinaire à ressort. Le régulateur de Watt et un emploi bien entendu des volants, voilà le secret, le secret véritable de l'étonnant perfectionnement des produits industriels de notre époque, voilà ce qui donne aujourd'hui à la machine à vapeur une marche totalement exempte de saccades; voilà pourquoi elle peut, avec le même succès, broder des mousselines et forger des ancres; tisser les étoffes les plus délicates et communiquer un mouvement rapide aux pesantes meules d'un moulin à farine. Ceci explique encore comme Watt avait dit, sans craindre le reproche d'exagération, que « pour éviter les allées et les venues des domestiques, il se ferait apporter les tisanes, en cas de maladie, par des engins dépendant de la machine à vapeur. »

L'invention du condenseur séparé des pompes qui y sont adjointes fut d'une importance capitale, principalement au point de vue de l'économie. A égalité d'effet, elle réduisit au quart la dépense de combustible des machines de Newcomen. On peut se rendre compte de la valeur des économies réalisées dès le début dans les pays de mines où les machines d'épuisement fonctionnaient, et, depuis, dans toutes les usines où la vapeur est employée à basse et à moyenne pression, par le fait suivant, que les historiens de la vapeur ont souvent cité. Trois pompes étaient en activité dans la mine de Chace-Water, dont les propriétaires payaient à Watt et à son associé Bolton une redevance pour le droit de se servir du condenseur. Cette redevance avait été fixée au tiers de la valeur de la houille économisée. Or les propriétaires de la mine jugèrent avantageux de racheter ces droits par le payement annuel d'une somme de 60,000 francs. Ainsi, l'adjonction d'un condenseur de Watt produisait par an, pour chacune des machines, une économie de combustible supérieure à 60,000 francs, plus de 180,000 francs pour les trois machines de la mine en question.

L'emploi de la détente que Watt avait signalé, mais qui n'a été adopté sur une large échelle que depuis l'invention faite par Woolff des machines à deux cylindres, a accru encore l'économie de vapeur, et, par suite, l'économie de combustible, ce *desideratum* poursuivi par tous ceux qui travaillent à perfectionner la machine à vapeur. A l'origine, on ne connaissait que la détente fixe ; aujourd'hui, des mécanismes nouveaux permettent de faire varier la détente.

Pour être juste, il ne faut pas, dans l'histoire des perfectionnements de la machine à vapeur, se borner à citer le nom de Watt. C'est Keane Fitzgerald (1758) qui s'est le premier servi du volant pour régulariser le mouvement de rotation ; l'emploi des bielles et manivelles pour transformer en mouvement de rotation le mouvement rectiligne et oscillatoire de la tige du piston est dû à Washbroug (1778). Enfin, Murray (1801) est l'inventeur du tiroir manœuvré par un excentrique. Du reste, en décrivant les machines à vapeur marines, les locomotives et les locomobiles, je compléterai, autant que possible, cette courte histoire des progrès de la vapeur.

TROISIÈME PARTIE

LES APPLICATIONS

DE LA MACHINE A VAPEUR

I

LA NAVIGATION A VAPEUR

Aperçu historique sur l'invention de la navigation à vapeur. — Premiers essais, depuis Papin jusqu'à Fulton. — Premier service régulier de navigation à vapeur, entre Albany et New-York ; le bateau *le Clermont*.

Cent deux années s'écoulent entre la première application véritablement industrielle de la machine à vapeur et l'installation définitive du puissant engin à bord d'un bateau auquel il sert de moteur, entre Newcomen et Fulton.

Et cependant, ni l'idée première, ni les tentatives d'exécution n'avaient fait défaut.

C'est encore à Papin qu'il faut remonter pour trouver, nettement formulée, la pensée mère de cette application qui devait, un siècle plus tard, prendre des développements si considérables. Dès

1695[1], Papin signale la possibilité d'appliquer la force de la vapeur « à ramer contre le vent » ; il fait remarquer «combien cette force serait préférable à celle des galériens pour aller vite en mer » ; il songe à substituer aux rames ordinaires « des rames tournantes » ; il s'ingénie à trouver un mécanisme pour obtenir le mouvement continu de rotation.

Bien plus, il paraît établi qu'en 1707, Papin avait mis à exécution cette pensée, ce projet d'abord simplement indiqué, et fait construire et installer sur un bateau une machine à vapeur destinée à le mouvoir. Il se serait embarqué à Cassel, sur la rivière Fulda, et, arrivé à Münden (Hanovre), il se proposait de continuer sa route par le Weser jusque dans la Grande-Bretagne, quand les bateliers de ce fleuve, ameutés contre le grand homme et contre l'invention qui leur semblait menacer leur industrie, mirent le bateau et la machine en pièces.

En 1737, un Anglais, J. Hull, proposait de remplacer les rames par deux roues à palettes placées à l'arrière du bâtiment, et de faire tourner leur axe commun avec une machine de Newcomen. Ce projet ne reçut pas d'exécution.

C'est à Paris, sur la Seine, vis-à-vis le champ de Mars, qu'eut lieu, après celle de Papin, la première expérience de navigation à vapeur. Le bateau avait été construit par le comte d'Auxiron. Un an après, en 1775, un savant qui devint membre de

---

1. Recueil imprimé à Cassel, extrait des *Acta eruditorum* de Leipzig.

l'Académie des sciences, Périer, fit sans plus de succès des expériences semblables.

De nouveaux essais, de plus en plus heureux, se succédèrent jusqu'à la fin du siècle. En 1778, le marquis de Jouffroy expérimenta un bateau à vapeur à Baume-les-Dames, sur le Doubs, puis, trois ans plus tard, à Lyon, sur la Saône. Dans cette dernière tentative, qui fut l'objet d'un rapport très-favorable, il s'agissait d'un bateau de 46 mètres de longueur sur 4 mètres et demi de largeur ; une machine à vapeur atmosphérique communiquait d'abord le mouvement à deux sortes de volets se fermant et s'ouvrant alternativement, et qui furent ensuite remplacés par deux roues à aubes.

Il faut citer encore, parmi ceux qui ont contribué à réaliser l'invention et l'idée de Papin, Patrick Miller, qui publia à Édimbourg (1787) un ouvrage sur la substitution des roues à palettes aux rames et sur la possibilité d'employer la machine à vapeur à leur donner le mouvement. Miller fit plus tard l'essai d'un bateau double muni d'une roue au milieu, et le fit, dit-on, naviguer sur les lacs de la Suisse, en 1789.

L'abbé Darnal en France (1781), les Américains Rumsay et Fish (1786-88), les Anglais lord Stanhope (1795), Baldwin (1796), Livingstone (1798), Desblancs, Symington, Stevins, Olivier Evans ont également fait des essais de navigation à vapeur, qui se multiplièrent du reste de plus en plus en Europe et en Amérique jusqu'à l'époque où l'Américain Fulton put enfin obtenir une réussite complète.

Fulton avait, dès 1802 et 1803, étudié en France

les conditions pratiques du problème à résoudre,
et il avait été secondé dans cette vue par son compatriote Livingstone, alors ambassadeur des États-
Unis. Un bateau, construit sur la Seine, avait
donné pour résultat une vitesse de 1^m,60 par
seconde.

Fulton fit au gouvernement de Bonaparte des

Fig. 70. — Fulton.

propositions qui ne furent point accueillies et
dont le rejet le décida à retourner en Amérique.
Il se fit construire et expédier par Watt et Bolton
une machine à vapeur qui, mise en place en
août 1807, sur le bateau *le Clermont*, fournit enfin
la solution pratique et définitive du problème de
la navigation à vapeur.

Le voyage de New-York à Albany, dont la dis-

tance est de 60 lieues, fut, dès le début, accompli
en 32 heures, puis en 30 heures, et un service régulier ne tarda point à s'établir entre ces deux villes.

La navigation à vapeur était décidément passée
de l'état d'ébauche à l'état de fait accompli, de la
période des tâtonnements et des essais à celle du
succès et du triomphe. Il y a de cela soixante-
cinq ans sonnés.

Aujourd'hui, la distance est grande, entre le
bateau de Fulton et les grands steamers trans-
atlantiques qui voyagent régulièrement du nouveau à l'ancien monde. Les progrès de l'art nouveau sont immenses : mais il ne faut pas oublier
la part qui revient à chacun des inventeurs qui
ont travaillé sans se décourager à cette découverte
mémorable, depuis le modeste Papin jusqu'à Fulton.

Il semblera peut-être étrange qu'il ait fallu tant
d'années et de si multiples efforts pour créer la navigation à vapeur, quand le moteur lui-même
était trouvé, quand la machine à vapeur, surtout
depuis Watt, fonctionnait avec une supériorité si
incontestable dans les usines.

A la vérité, la question à résoudre était beaucoup plus complexe. Il ne s'agissait pas seulement
de donner le mouvement à un arbre moteur qui
avait, en dehors de la machine, son point d'appui.
Il fallait faire mouvoir à la fois l'arbre, le propulseur du bateau, le bateau lui-même surchargé du
poids de sa propre machine, et tout cela en prenant pour point d'appui, non une matière fixe,
mais un élément mobile, l'eau d'un lac, d'un
fleuve, de la mer.

Puis venaient d'autres difficultés : l'installation
de la machine sur le bateau, l'invention d'un mécanisme moteur et de transmission particuliers. A
un point de vue plus spécial, il fallait, outre la
place de la machine, trouver une place pour le
combustible, tout en conservant celle qui est nécessaire à la manœuvre, aux passagers et aux marchandises. La question de mécanique pratique se
compliquait ainsi nécessairement des préoccupa-
tions commerciales et industrielles.

Nous allons dire rapidement comment toutes
ces difficultés ont été vaincues. Il nous suffira
pour cela de faire la description et la revue des
machines marines et des propulseurs qu'elle font
mouvoir, en signalant les principaux perfectionnements qu'ont reçus les uns et les autres.

Les bateaux et navires à vapeur à aubes.

Les roues à palettes chez les anciens. — Roues à aubes mues par la force
musculaire des animaux. — Roues à palettes des bateaux à vapeur. —
Disposition du mécanisme. — Avantages et inconvénients des propulseurs
à aubes.

Quand la vapeur fut découverte, il y avait longtemps que l'idée de remplacer les rames des bateaux par des roues que ferait tourner l'action
musculaire des animaux ou de l'homme, avait été
conçue et même essayée. Les Romains et les Car-
thaginois s'étaient déjà servis de bateaux mus par
des roues à aubes. D'anciennes médailles repré-
sentaient des *liburnes* (navires employés par les
Romains à Actium) portant sur les côtés trois
paires de roues à palettes, tournées par trois

paires de bœufs. Je lis dans l'*Art naval*[1] que « l'on trouve en Chine, où elles sont en usage depuis des temps immémoriaux, des jonques à quatre roues, dont le moteur est une ingénieuse manivelle mise en mouvement par des hommes. » En 1472, Valturius de Rimini décrivait une roue dont l'arbre était mû, au moyen de manivelles coudées, par des hommes, et dont les palettes remplaçaient les rames. Un propulseur semblable était proposé, en 1699, par du Quet, à l'Académie des sciences de Paris. Quand, quelques années plus tôt, Papin propose d'appliquer la vapeur aux bateaux, il fait mention des roues à rames de la chaloupe du prince palatin Rupertus, qu'il avait vue en 1678, en Angleterre : ces roues étaient mues par des chevaux attelés à un manége.

Ce mode de propulsion ne devait être sérieusement adopté qu'après la découverte et l'application d'un moteur puissant : on vient de voir que ce moteur est la vapeur. Ce n'est donc que depuis Fulton, que les rivières, les lacs et la mer sont sillonnés de navires et de bateaux armés de roues à aubes.

Tout le monde sait ce que c'est qu'une roue à aubes : ceux qui n'ont pas vu de bateaux à vapeur ont pu observer des roues analogues dans les moulins de nos rivières.

Les *aubes, palettes* ou *pales* qui rayonnent tout autour de l'axe, reliées solidement à celui-ci par des tiges ou jantes de fer (voy. plus loin la fig. 78), sont des lames rectangulaires qui, mises en mou-

---

1. Bibliothèque des merveilles.

vement par la rotation de l'arbre moteur, viennent successivement plonger dans l'eau, et, s'appuyant sur la masse liquide, font avancer le bateau en sens contraire de leur propre mouvement.

Les roues sont toujours, pour la symétrie et l'équilibre, au nombre de deux; elles sont montées sur le même arbre ou axe, qui traverse le navire perpendiculairement à sa longueur; et quand elles plongent dans l'eau verticalement, le bord supérieur des aubes doit être recouvert par le fluide d'une hauteur de 0^m,10 à 0^m,20.

Il en est du travail mécanique des aubes sur l'eau comme de celui des rames; il ne produit un effet utile, c'est-à-dire la propulsion du bateau en avant, que parce qu'il donne lieu à un mouvement de l'eau en arrière; ce dernier mouvement, sans lequel le premier qui en est la réaction n'existerait pas, se nomme le *recul*; il absorbe une quantité considérable du travail de la vapeur, indépendamment des pertes occasionnées par le frottement. Comme exemple de cette répartition du travail moteur, nous citerons celui que donne M. Sonnet[1]; il est déduit d'expériences faites sur le bateau à vapeur *le Castor*, qui fait le service de Honfleur au Havre. « Sur 100 chevaux-vapeur fournis par la machine, dit-il, il y en a 33.9 employés à vaincre la résistance de l'eau sur la carène, c'est ce qui constitue le travail utile; 58.2 sont consommés par le recul, c'est-à-dire pour mettre l'eau en mouvement; le frottement n'en emploie que 7.9.

1. Dictionnaire des mathématiques appliquées.

Le choc successif des palettes sur le liquide, à leur entrée et à leur sortie, produit sur le navire une suite de trépidations gênantes et fatigantes, qu'on réduit beaucoup en donnant aux palettes, dans le sens de leur longueur, une inclinaison légère. Alors, une des extrémités plonge avant l'autre ou, si l'on veut, l'immersion est successive sur toute la longueur de la palette. Par ce moyen, le choc et les trépidations qui en sont la conséquence sont presques insensibles.

Sur les eaux dont la surface n'est point agitée, où les bateaux peuvent conserver une position presque horizontale d'équilibre, les roues à aubes font un service excellent. Mais il n'en est pas de même sur mer, où l'action du roulis fait pencher le navire de droite à gauche, et où cette inclinaison empêche l'axe des roues de rester horizontal. Les deux roues plongent alors inégalement dans l'eau, de sorte que l'action de chacune d'elles sur le liquide et sur le mouvement de propulsion devient inégale. Il en résulte, pour la direction du navire, une déviation fâcheuse et aussi une perte de force et de vitesse. Je parle ici du principal inconvénient des roues à aubes, de celui qui affecte la marche des navires de toutes sortes. Mais, dans la marine militaire, les roues à aubes offrent un inconvénient plus grave encore : elles réduisent la puissance offensive en prenant une place que l'artillerie réclame, elles réduisent la puissance défensive en exposant le propulseur et le moteur lui-même au feu de l'ennemi.

Il est résulté de là que la transformation de la marine militaire à voiles en marine à vapeur a été retardée jusqu'au moment où l'invention d'un propulseur nouveau, qui n'est sujet à aucun des deux inconvénients que je viens de signaler, rendit possible une large application de la vapeur aux flottes de guerre.

Ce nouveau propulseur est l'*hélice* qui, comme les roues à aubes, la vapeur même, et beaucoup d'autres inventions mécaniques, industrielles, etc., a été l'objet d'une série assez nombreuse d'essais et de tâtonnements avant de parvenir au succès, qui lui-même, presque toujours, est suivi de progrès et de perfectionnements nombreux.

Les bateaux et navires à vapeur à hélice.

Ce que c'est que l'hélice. — Avantages de l'hélice sur les roues à aubes, principalement dans les navires de guerre. — Aperçu historique sur l'invention de l'helice.— Smith et Ericson. — Influence de l'invention de l'hélice sur la transformation de la marine militaire à voiles en marine à vapeur.

L'hélice n'est autre chose qu'une vis ou qu'un fragment de vis, laquelle faisant corps avec le bateau, avance dans l'eau et entraîne celui-ci dans l'écrou mobile que constitue le fluide lui-même.

Le mouvement de rotation des spires autour de l'axe du propulseur est produit par une machine à vapeur installée à bord du navire.

Tout ce que nous avons dit de l'action propulsive des roues à aubes est applicable à l'hélice. C'est aussi en s'appuyant sur l'eau, masse mobile, et en lui imprimant un mouvement en sens contraire de celui de la marche du bateau, que ce dernier mouvement se produit. Il est donc inévitable qu'il y ait une fraction notable du travail moteur perdu en pure perte. Les avantages de l'hélice comparée aux roues à aubes sont d'une autre nature : mentionnons-les rapidement.

L'hélice est placée à l'arrière du navire, dans un cadre rectangulaire qui s'ouvre près de l'étambot. (V. la fig. 73.) L'axe ou arbre moteur qui la porte est parallèle à la quille; il s'appuie par un bout contre la *butée*, sorte de massif solidement établi dans la cale; à l'arrière il traverse la coque dans une boîte à étoupe. La machine met cet arbre et l'hélice en mouvement soit directement par des manivelles ou coudes, soit indirectement par un engrenage.

Ce propulseur se trouve donc toujours immergé et à une profondeur telle que les mouvements perturbateurs de la mer n'ont sur lui aucune action. Il n'est donc pas, comme les roues à aubes, sujet aux inégalités d'action de ces dernières. D'autre part, l'hélice est à peu près complétement à l'abri des projectiles, et il en est ainsi des machines qui le font mouvoir, puisqu'elles sont installées, comme l'hélice, dans les parties inférieures du navire. Enfin, et ces considérations ont surtout de l'intérêt pour la marine de guerre à vapeur, les batteries d'artillerie ne se trouvent nullement gênées par son installation.

En général, l'hélice offre, sur les roues à aubes, cette autre supériorité que son installation laisse entièrement libre la manœuvre de la voile, de sorte que les navires à vapeur à hélice peuvent être gréés pour marcher sous l'action du vent quand ce dernier est favorable, ce qui est économiquement fort avantageux. Les navires mixtes, à voiles et à aubes, sont au contraire d'une manœuvre plus difficile.

En quelques lignes rapides, traçons l'histoire de l'invention de l'hélice ou de son application à la navigation à vapeur.

Comme pour la roue à aubes, il a d'abord été question de faire mouvoir l'hélice par les moteurs animés, l'homme ou les animaux. Duquest (1727) utilisait le courant des fleuves pour remorquer les bateaux en se servant de la vis d'Archimède. Paucton (1768) employait une hélicoïde à quatre branches, à laquelle il imprimait le mouvement par la puissance motrice des hommes d'équipage.

En 1803, l'ingénieur Dallery prit un brevet pour un propulseur mû par la vapeur et composé de deux vis : l'une à axe mobile, placée à l'avant servait de gouvernail ; l'une placée à l'arrière, venait ajouter son impulsion à celle de la précédente, d'où résultait la progression du navire. Les noms des Anglais Shorter (1802), Samuel Brown (1825), du capitaine de génie français Delisle (1823), des frères Bourdon, de Sauvage (1832), doivent être cités au nombre de ceux qui ont conçu des projets ou fait des essais pour l'application de l'hélice à la propulsion des navires.

Deux hommes, le mécanicien anglais Smith, d'abord simple fermier, et l'ingénieur suédois Ericson peuvent être considérés comme ayant définitivement et presque simultanément résolu le problème.

L'*Archimède*, navire à vapeur de quatre-vingt-dix chevaux, est le premier bâtiment qui ait navigué sous l'action d'un propulseur héliçoïde du système de Smith, en 1838. Quatre ans plus tard, le *Princeton*, de deux cent vingt chevaux, muni d'une hélice système Ericson, était lancé aux États-Unis.

Smith avait commencé par des essais sur une petite échelle qui attirèrent sur lui l'attention des marins anglais. Voici ce que dit M. Léon Renard [1] au sujet de l'*Archimède* :

« Avant de se décider à admettre le nouveau propulseur, les lords de l'Amirauté voulurent qu'une expérience fût faite sur un navire d'au moins deux cents tonneaux. C'est alors que Smith et ses associés construisirent l'*Archimède* de deux cent trente-sept tonneaux, qui fut lancé en 1838. Il fut pourvu d'une hélice d'un pas complet, établie dans le massif arrière et mue par deux machines ayant ensemble 90 chevaux de force. Il coûta 262,500 francs. On n'en exigeait que quatre ou cinq nœuds à l'heure; il en fit près du double. Le premier voyage de l'*Archimède* se fit de Gravesend à Portsmouth, traversée qu'il opéra en vingt heures, malgré un vent et une marée défavorables. »

Les premiers essais du Suédois Ericson eurent lieu en Angleterre en 1837. Un navire, le *Francis B. Odgen*, muni de son propulseur, remorqua un schooner de 140 tonneaux avec une vitesse de 7 milles à l'heure. Mais Ericson, n'ayant reçu des Anglais aucun encouragement, passa aux États-Unis, où son invention fut accueillie avec l'enthousiasme qu'elle méritait. Il s'était, avant son départ,

1. *Art naval*, p. 61.

entendu avec Stockton, officier de la marine des
États-Unis, et c'est sur le *Robert Stockton*, navire
à vapeur à hélice de 70 chevaux, qu'ils firent ensemble la traversée de l'Océan, et débarquèrent

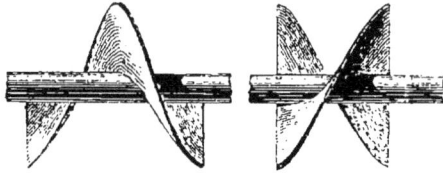

Fig. 71. — Premières hélices de Smith. Hélice simple d'un pas entier;
hélice double d'un demi-pas.

sur les côtes de la grande république. Le *Princeton*,
que j'ai cité au début de cette courte notice historique, suivit de près ce premier navire, construit
en Angleterre.

Fig. 72. — Hélices à deux et à quatre ailes.

La France suivit, en 1842, l'exemple donné par
les deux grandes puissances maritimes. Un navire
de 130 chevaux, pourvu d'une hélice système Ericson, fut construit au Havre.

Depuis, la transformation des flottes en navires
à vapeur à hélice fit dans le monde entier de grands
progrès. Les navires de commerce, les paquebots,
suivirent l'exemple,
sans toutefois que le
système propulseur à
aubes, qui a aussi ses
avantages, ait été
abandonné. Ce n'est
pas ici le lieu de faire
l'histoire de ces chan-
gements. Revenons
donc à la description
des systèmes d'hélice
adoptés, pour repren-
dre ensuite celle des
machines à vapeur
marines, qui doit nous
intéresser particuliè-
rement.

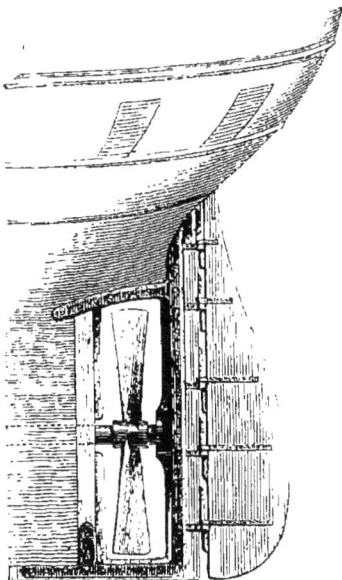

Fig. 73. — Cadre de l'hélice
à l'arrière du navire.

Les premières héli-
ces de Smith étaient
formées d'un pas entier dans le sens de l'axe, comme
le montre la figure 71. Plus tard, il réduisit l'hélice
à un demi-pas, mais il la doubla (fig. 71). L'expérience fit bientôt voir que l'étendue des spires
dans le sens de l'axe pouvait être et devait être
considérablement réduite. On emploie des fractions
de pas beaucoup plus petites, et on multiplie les
tranches ou ailes du propulseur qui, le plus souvent cependant, sont réduites à quatre, quelquefois
à deux (fig. 72). L'emploi des hélices à six ailes
ou plus offre plus d'inconvénients que d'avantages,

l'action des unes nuisant à l'action des autres. C'est l'étendue ou le diamètre des ailes de l'hélice, c'est aussi la rapidité du mouvement de rotation qui donnent à ce mode de propulseur toute sa puissance.

Pour terminer, montrons, par la figure 73, la disposition d'une hélice dans son cadre, à l'arrière d'un navire, et disons que, pour éviter la résistance qu'offrirait l'hélice au cas où la voile remplace l'action de la vapeur, on s'arrange soit pour la rendre *folle*, soit pour la retirer momentanément de son cadre. Dans ce dernier cas, un puits est ménagé dans l'arrière du bâtiment ; on soulève l'hélice, qu'on amène entre deux coulisses, dans le puits, où elle peut être visitée et réparée au besoin.

Chaudières et machines marines.

Des types de machines employées dans la navigation à vapeur. — Force nominale. — Emploi des chaudières tubulaires. — Machines horizontales à deux et à trois cylindres. — Disposition des machines et des chaudières sur les navires à aubes ou à hélice.

Le propulseur des navires ou bateaux à vapeur nous est connu.

Voyons maintenant comment la vapeur, la seule force motrice assez puissante pour suppléer à la force inconstante et souvent contraire du vent, imprime aux roues ou à l'hélice le mouvement de rotation.

La machine à vapeur, telle que nous l'avons décrite, est-elle modifiée d'une manière essentielle, quand elle devient une machine de navigation ?

Non. En réalité, non-seulement le principe est identique, mais les organes principaux, le générateur, le mécanisme moteur, la transmission restent les mêmes. Ils ne font, ainsi qu'on va le voir, que

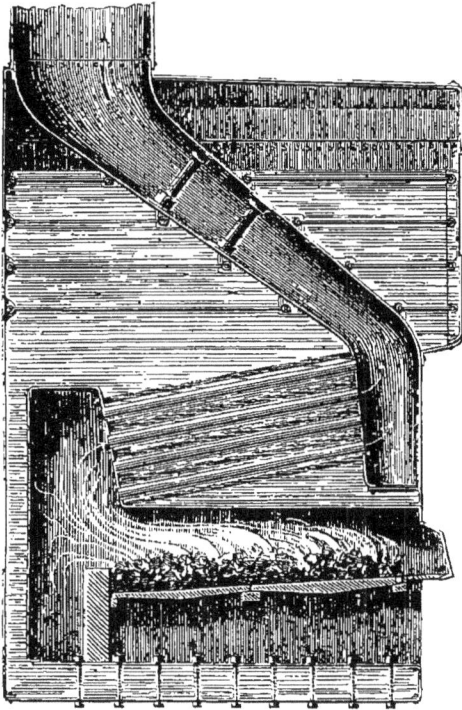

Fig. 74. — Chaudière tubulaire à retour de flammes de l'*Isly*. Coupe.

subir les nécessités particulières à l'installation sur un navire.

A l'origine, les machines à basse pression et à condensation, c'est-à-dire les machines de Watt à balancier, les seules d'ailleurs employées alors dans l'industrie, formaient le type des machines de navigation soit sur les rivières et les lacs, soit sur la mer. Aujourd'hui encore, les vapeurs à aubes trouvent avantage à s'en servir. Les mouvements en sont lents, comme on sait, mais cette lenteur est largement compensée par la régularité du fonctionnement. Elles sont lourdes et encombrantes, il est vrai, mais toutes leurs parties sont aisément

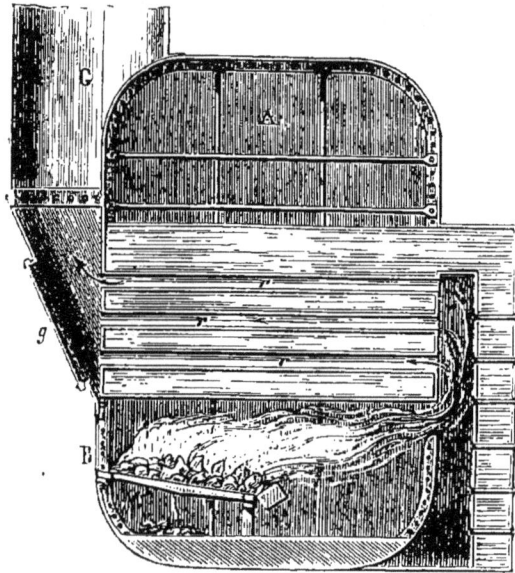

Fig. 75. — Chaudière marine tubulaire à retour de flammes. Coupe.

accessibles pour la surveillance, l'entretien, et, au besoin, les réparations. C'étaient les machines qu'avaient adoptées les marines militaires d'Angleterre et de France, avant que l'invention de l'hélice eût changé les données du problème. Pour l'hélice, les machines de ce type donnent un mouvement trop peu rapide de rotation, qu'il serait sans doute aisé de multiplier par les engrenages, mais

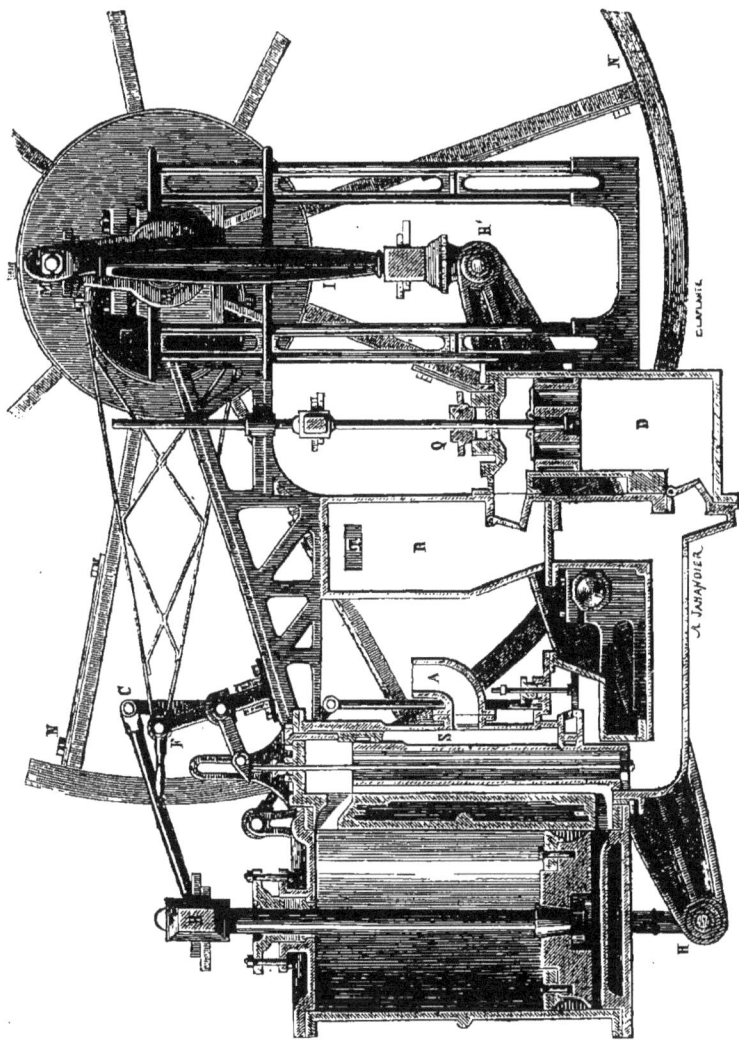

Fig. 77. — Machine marine à balancier. Coupe.

H, tuyau de prise de vapeur; H'H' balancier; D, condenseur; Q, pompe d'épuisement; I K M, bielle, manivelle et arbre moteur;
N, roue à aubes; EF, excentrique du tiroir.

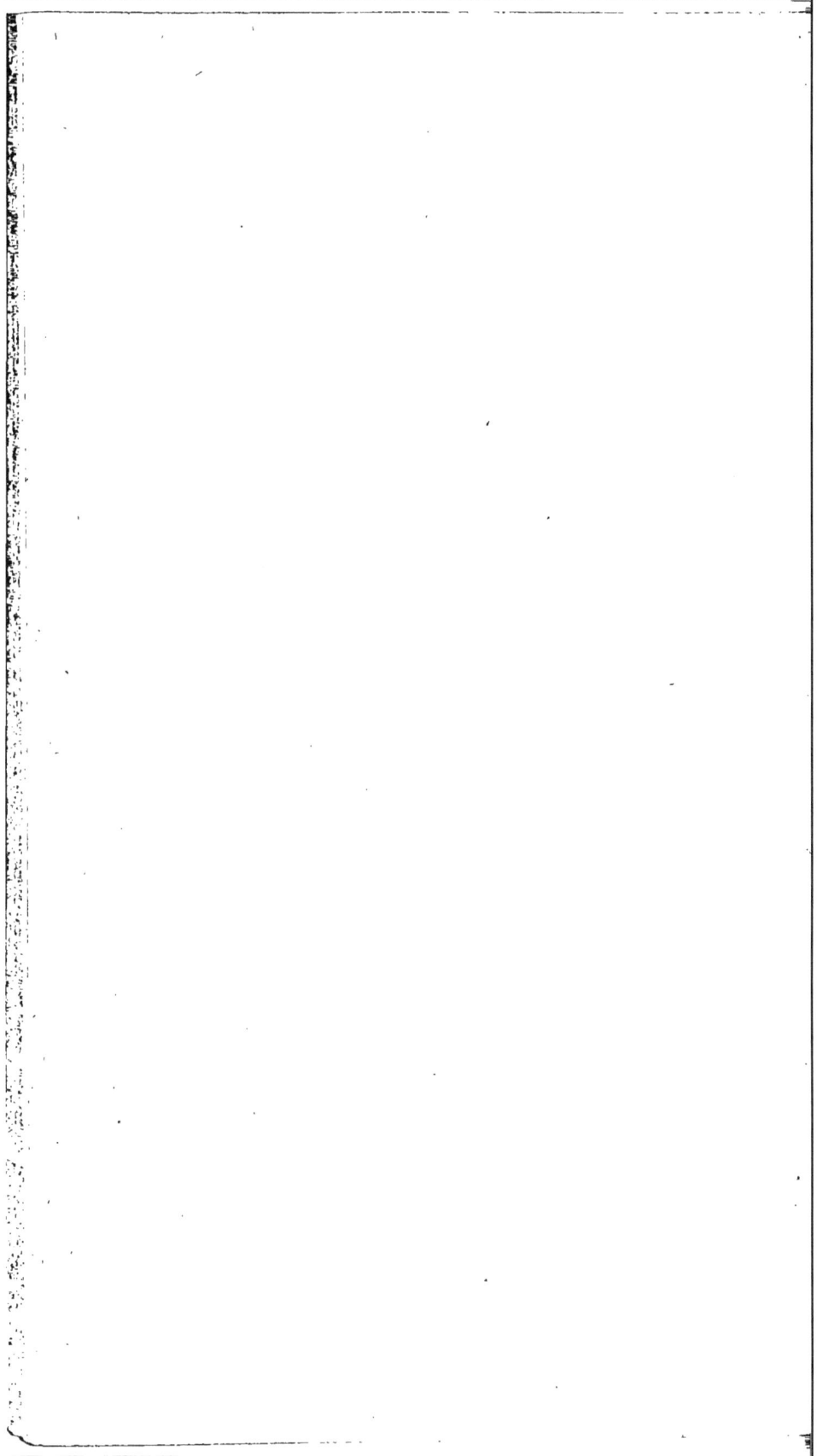

aux dépens de la force effective des machines ou
de leur travail utile.

La condensation est généralement adoptée, non-
seulement là où elle est nécessaire, c'est-à-dire
dans les machines à basse pression, mais aussi
dans les machines marines à moyenne et haute

Fig. 76. — Chaudière d'une machine marine. Vue d'ensemble.

pression. L'abondance de l'eau rend commode et
économique l'emploi des condenseurs.

Les machines à vapeur employées dans la navigation sont les plus puissantes que l'on construise.
Il n'est pas rare que leur force effective se mesure
par centaines de chevaux-vapeur ; que dis-je ? dans
certains navires de la marine militaire, il faut
compter par milliers. Ajoutons que l'évaluation de

la puissance des machines marines en chevaux-vapeur — ce qu'on appelle leur force nominale — se fait d'une autre façon que pour les machines terrestres. Le *cheval de basse pression,* le *cheval nominal* dans la marine vaut, non pas seulement 75, mais plus de 100 kilogrammètres, en moyenne 107 kilogrammètres sur l'arbre de couche, 135 kilogrammètres sur les pistons. Cela tient à ce que la perte de travail moteur employée au recul a forcé les constructeurs à exagérer la force en vue de l'effet utile à produire. Aujourd'hui même, les chiffres que nous venons de rapporter sont trop faibles : dans la marine de l'État, le cheval-vapeur *nominal* atteint 300 kilogrammètres.

A ce compte, la frégate à vapeur *le Friedland,* dont la machine a une puissance effective de 4,000 chevaux de 75 kilogrammètres, ne doit être portée, pour sa force nominale, qu'à 1,000 chevaux.

Pour obtenir une telle puissance, il a fallu employer des générateurs capables de vaporiser des poids d'eau considérables, ayant par suite une très-grande surface de chauffe.

Aussi emploie-t-on généralement des chaudières tubulaires à retour de flammes, dont les figures 38, 39, 74 et 75 représentent plusieurs types. D'ailleurs, on ne se contente pas d'une seule chaudière, ni d'un seul foyer, et la quantité de combustible brûlée s'élève à des proportions énormes. Citons quelques chiffres.

L'*Algésiras,* de 900 chevaux, a une machine munie de 8 corps de chaudière dont les foyers, quand ils sont allumés tous ensemble, brûlent par heure 4,146 kilogrammes de houille.

Fig. 78. — Machine à vapeur du navire à aubes *le Sphinx*.

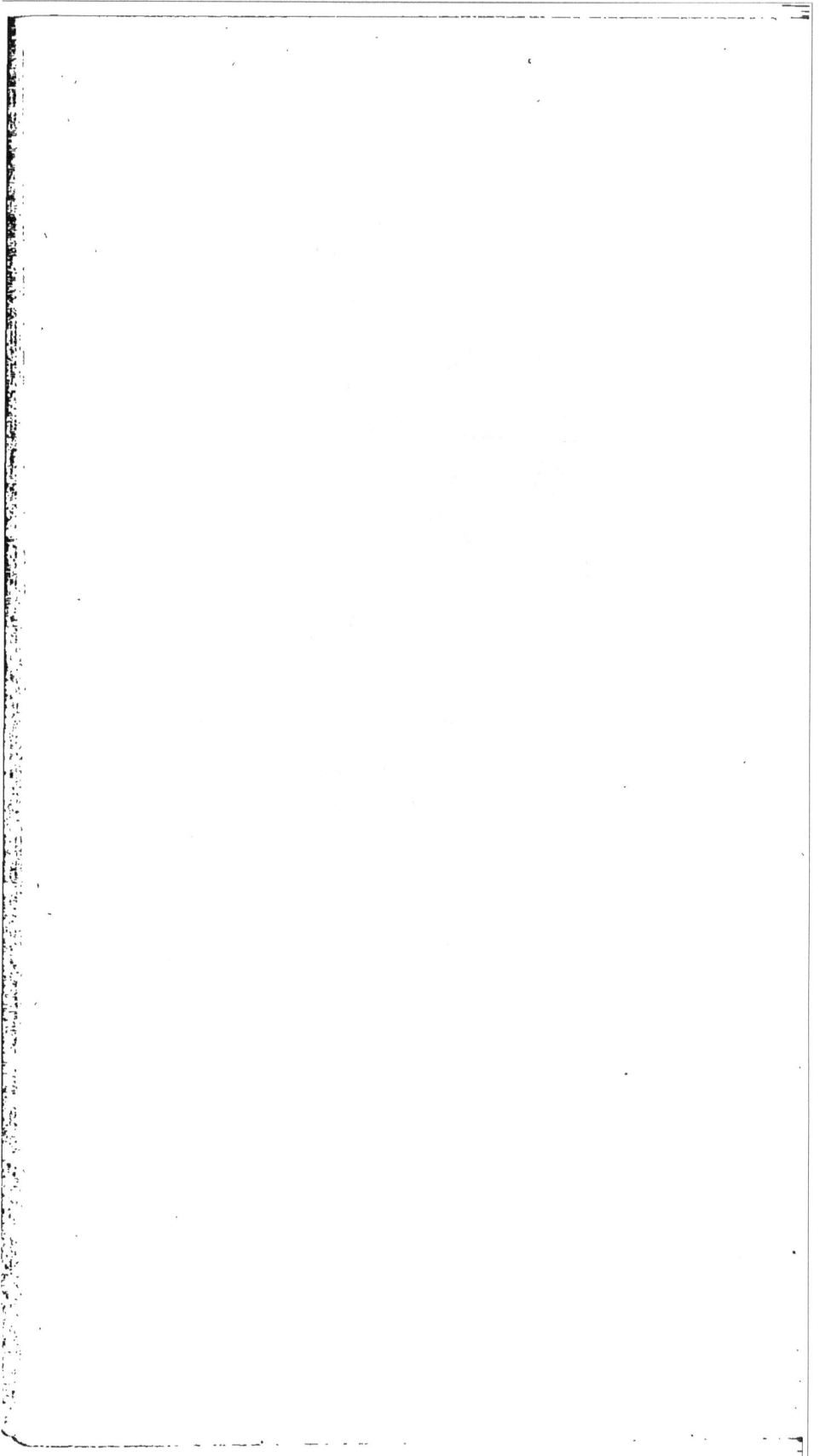

Le *Napoléon*, de 950 chevaux, a aussi 8 corps de
chaudière, et 40 foyers qui brûlent 3,635 kilogrammes de houille à l'heure. La pression de la
vapeur n'y dépasse guère 2 atmosphères.

La frégate cuirassée *le Friedland*, dont nous
décrirons plus loin la machine et qui, avec son
chargement complet de charbon et de munitions,
pèse 7,200 tonnes, consomme, en pleine marche,
5,200 kilogrammes de houille par heure, 125 tonnes
de houille par jour de navigation continue. C'est
donc une dépense qui, suivant le prix de la houille,
peut varier de 4 à 5,000 francs par jour, pour le
combustible seul. L'aspect extérieur des chaudières
(fig. 76) et des machines marines ne rappelle donc
guère celui des machines à vapeur employées dans
l'industrie manufacturière. Quoique tous les organes en soient de dimensions relativement considérables, on les a disposés de manière à occuper
le moins d'espace possible : chaudières, condenseurs, mécanisme moteur, etc., tout est ramassé
comme on peut s'en rendre compte en examinant
les divers types de machines dont les figures 77,
78, 79, et 80 donnent l'ensemble général.

La première est une machine à balancier, à
moyenne pression, à condensation et à détente. En
suivant, au moyen de la figure 77, la légende ex-
plicative, et en se reportant à notre description
générale, on se rendra compte aisément du fonctionnement de la machine. Le balancier se trouve
osciller au-dessous du piston et du cylindre : c'est
une disposition rendue nécessaire par la situation
de l'arbre moteur, de l'axe des roues du navire, qui
occupe nécessairement une place élevée dans les

navires à aube. La vue d'ensemble d'une machine semblable, à balancier et à cylindre vertical, est représentée dans la figure 78, qui permet de voir comment l'arbre moteur des roues à aubes s'y trouve relié au mécanisme. Elle appartient au navire à vapeur *le Sphinx*.

Les bielles sont reliées directement à l'arbre qui est coudé en deux de ses points, de manière à former deux manivelles à angle droit, recevant chacune l'action d'un cylindre.

Ici, les cylindres sont verticaux. Quand le même type de machines fut appliqué à l'hélice, les cylindres furent placés horizontalement et dans un sens transversal; mais on fut obligé, pour donner à l'arbre une vitesse de rotation suffisante, d'employer un système d'engrenage. Bientôt on préféra les machines horizontales, à deux cylindres, sans balancier, et c'est sur l'arbre même de l'hélice, coudé à angle droit, que les bielles exercèrent leur action.

Les cylindres des machines marines ont souvent des dimensions colossales. Pour ne citer qu'un exemple, les cylindres de la machine du *Friedland* ont un diamètre intérieur de $2^m,10$ et la course de léurs pistons n'a pas moins de $1^m,30$. La pression de la vapeur s'exerce ainsi, pour chaque piston, sur une surface d'environ $3^m,50$; en supposant la tension de la vapeur de 2 atmosphères et demie, cette pression est donc égale à environ 90,000 kilogr.

Pour guider des pistons de cette dimension, on emploie, non plus une seule, mais deux ou quatre tiges t, t' qui s'articulent par une traverse à la bielle B.

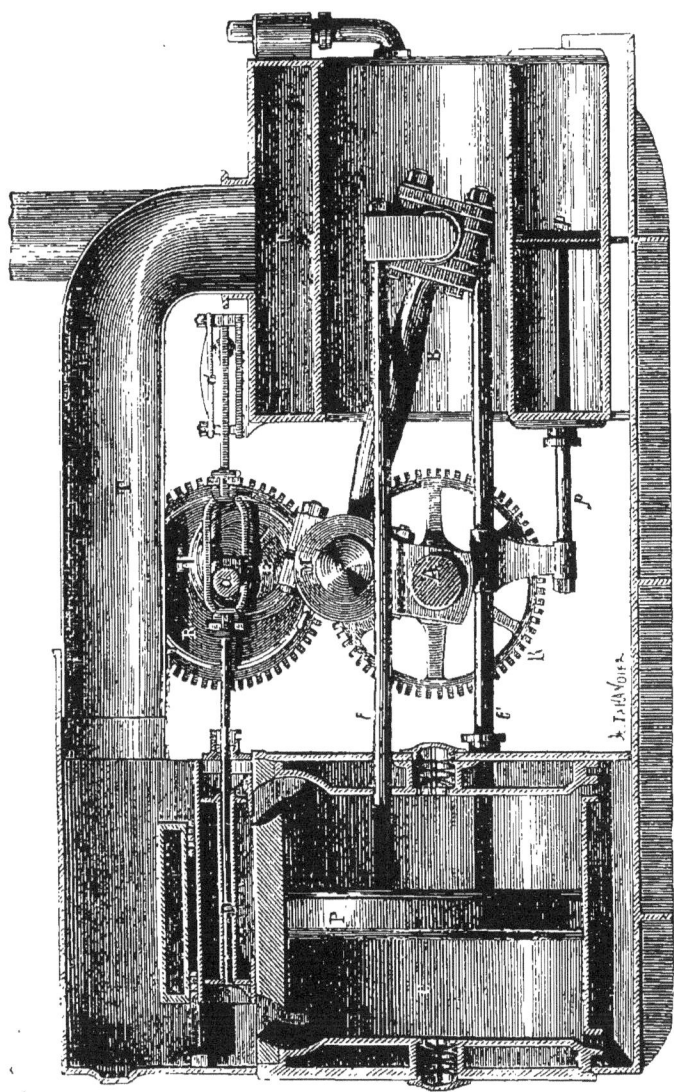

Fig. 79. — Machines à deux cylindres de M. Dupuy de Lôme. Coupe.

CP, cylindre et piston; BM, bielle et manivelle; A, arbre moteur de l'hélice; RR, roues dentées faisant mouvoir l'arbre *a*; E, excentrique du tiroir D; CT, condenseur et son tuyau.

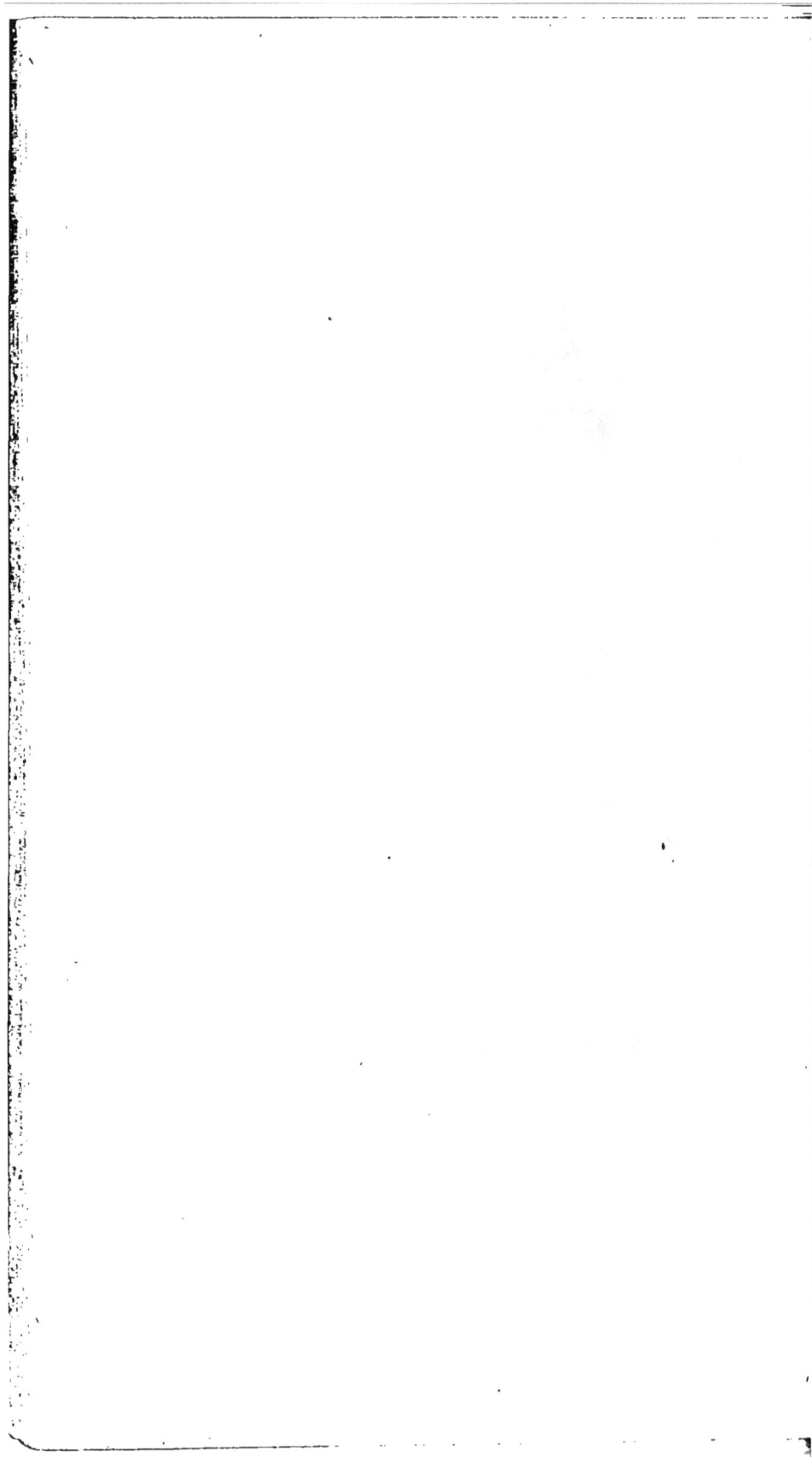

Celle-ci, comme on le voit sur la figure 79, revient sur elle-même s'articuler au coude de l'arbre moteur, faisant fonction de manivelle et, pour cette raison, on la nomme *bielle en retour*.

La machine à vapeur marine que nous venons de citer n'est pas seulement remarquable par ses dimensions, par sa puissance, par la vitesse qu'elle imprime au navire sur lequel elle est installée, vitesse qui n'est pas moindre, par un temps calme, de 14 nœuds et demi, c'est-à-dire d'environ 28 kilom. à l'heure. Son hélice a 6^m,10 de diamètre. Je l'ai vue tourner sur son arbre à l'Exposition universelle de 1867 ; en se plaçant dans le sens du mouvement des ailes, on ressentait sur la figure l'impression du courant d'air produit par l'évolution des énormes spires. Mais, je le répète, cette machine se distingue aussi comme un type ayant des qualités spéciales. J'en vais dire, pour terminer, quelques mots.

C'est une machine à détente du système de Woolff, avec cette disposition particulière qu'elle renferme trois cylindres égaux de même diamètre et de même course. L'introduction de la vapeur a lieu dans un seul cylindre, celui du milieu ; après avoir travaillé à pleine pression, elle pénètre dans les deux cylindres latéraux, où elle se détend, puis va de là dans deux condenseurs séparés. En sortant des chaudières, la vapeur circule dans un appareil sécheur. puis elle se bifurque dans les chemises-enveloppes des cylindres extrêmes. A puissance égale, à poids égal des machines, on obtient avec ce système, comparé au système à deux cylindres, une économie notable de combustible.

Mais, de plus, comme les coudes ou manivelles
de l'arbre moteur qui reçoivent les têtes de bielle
sont disposés à angle droit pour les coudes correspondant aux pistons extrêmes, et dans le prolongement de la bissectrice de cet angle pour le coude
du milieu, il en résulte cet avantage que toutes les
pièces mobiles conservent presque complétement

Fig. 80. — Machine marine à deux cylindres de détente et à un cylindre
de pleine pression.

le même équilibre autour de l'axe de l'arbre,
quelle que soit la position du navire déterminée
par le roulis.

Les machines à fourreau, les machines oscillantes,
que j'ai décrites dans le chapitre consacré au mécanisme de transmission, sont souvent employées
dans la navigation à vapeur fluviale et maritime.

Fig. 81. — Disposition et aménagement de la machine sur un navire à vapeur à hélice.

Je crois avoir dit déjà que les premières étaient surtout en usage dans la marine anglaise. En général,
les différences qu'on rencontre entre les machines
fixes terrestres et les machines marines sont presque
toutes dues à une question d'aménagement et d'emplacement. Il faut, sur un navire marchand, ménager la place pour le chargement ; dans les navires
de guerre, ménager la place, surtout en hauteur,
à cause des conditions de l'attaque et de la défense,
pour l'artillerie aussi et les munitions. Seuls, les
navires de transport, les paquebots destinés surtout
aux voyageurs peuvent se donner le luxe de machines occupant un plus gros volume. Les qualités
relatives à la sécurité et au confort sont alors celles
qui prédominent. C'est là ce qui prolongera longtemps l'usage des machines à balancier, appliquées
aux navires à aubes, parce que ce système donne
une allure plus douce, plus agréable que les machines à mouvement rapide des bateaux à hélice.

J'ai dit que les machines de navigation sont, en
grande majorité, des machines à basse et moyenne
pression. Mais les machines à haute pression sont
aussi employées dans certains cas spéciaux. A condensation et à détente, détente à sec, qui prévient
les incrustations d'eau de mer, elles offrent le
grand avantage d'être les plus économiques de
toutes ; on les installe sur les grandes canonnières
armées pour les expéditions lointaines. C'est aussi
pour les canonnières et batteries flottantes, pour
les remorqueurs qui font le service de l'entrée des
ports, pour les bâtiments enfin destinés à des tra-
jets courts et rapides, qu'on emploie les machines
à haute pression, mais sans condensation ni dé-

tente ; leur avantage consiste surtout dans la plus grande simplicité de leur construction qui les rend moins lourdes et moins encombrantes, en somme aussi d'une installation plus économique.

Fig. 82. — Un steamer transatlantique.

II

LA VAPEUR SUR LES CHEMINS DE FER

Premières voitures à vapeur : la voiture de Cugnot. — Olivier Evans, Trewitick et Vivian. — Essais de locomotives à vapeur sur les chemins de
fer. — Invention de la chaudière tubulaire ; Marc Seguin et Stephenson. —
La Fusée.

« Les premiers essais de voiture mue par la
vapeur d'eau remontent à l'ingénieur français Cugnot, qui, en 1769, conçut et fit exécuter à Paris
un chariot destiné à se mouvoir sur les routes ordinaires, sous l'action de la vapeur. Vint plus tard
Olivier Evans, qui construisit à Philadelphie, en
1804, la première voiture de ce genre qu'on ait
vue en Amérique. A la même époque, une machine
locomotive circula sur le chemin de fer de Merthyr
Tydwil, en Angleterre ; elle était due aux ingénieurs Trewitick et Vivian[1]. »

La voiture de Cugnot avait un grand défaut : la
chaudière ne pouvait produire la vapeur nécessaire à l'entretien du mouvement que pendant
douze à quinze minutes, après quoi il fallait la

1. *Les Chemins de fer*, Biblioth. des merveilles.

laisser reposer pendant un temps à peu près égal, pour donner le temps au foyer de produire de nouvelle vapeur.

L'essai qu'on en fit alors, parut assez satisfaisant pour que l'inventeur fût chargé de construire une nouvelle voiture qui figure aujourd'hui encore au Conservatoire des arts et métiers (c'est celle dont la figure 83 donne le dessin), mais qui ne paraît pas avoir été jamais essayée[1]. Treize ans auparavant, un Anglais, Robinson, avait conçu le projet

Fig. 83. — Voiture à vapeur de Cugnot (1769).

d'appliquer la vapeur à la locomotive sur les routes, et s'était entendu avec Watt pour la réalisation de cette idée, mais sans succès. Un modèle de voiture à vapeur fut construit plus tard, en 1785, par ce dernier; mais il ne paraît pas qu'aucune suite ait été donnée à cette tentative.

La locomotion sur les routes par l'action de la vapeur ne devait réussir et prendre l'immense

1. Circonstance curieuse à noter et qui fait honneur à Planta, officier suisse, qui avait lui-même imaginé une voiture à vapeur. Chargé d'examiner l'invention de Cugnot, Planta n'hésita point à la trouver préférable à la sienne.

extension qu'elle possède aujourd'hui, que grâce
à l'adoption d'un nouveau système de voie, qui
fut d'abord appliqué au transport des matériaux
dans les mines de houilles. Les chemins à ornières, puis à bandes saillantes, d'abord en bois, puis
en fer, diminuaient considérablement la résistance au roulement.

Mais, chose curieuse, ce progrès constitua dans
l'origine un obstacle à l'adoption des voitures à
vapeur. Comme ces voitures étaient d'abord assez
légères, leurs roues motrices, en tournant rapidement, glissaient sans avancer, *patinaient*, selon
l'expression technique. On imagina divers moyens
de vaincre cette difficulté pratique[1], quand un ingénieur anglais, Blacket (1813), prouva que l'adhérence de la locomotive sur les rails peut s'obtenir
en donnant aux locomotives un poids suffisamment considérable, pourvu qu'on fît supporter
cette pression à l'essieu des roues motrices. C'est
de cette époque que date la machine de G. Stephenson (fig. 84), où les essieux sont rendus solidaires par le moyen d'une chaîne sans fin. L'adhérence de toutes les roues de la locomotive se
trouve ainsi utilisée.

On peut dire qu'à partir de ce moment, la locomotion sur les voies ferrées, à l'aide de voitures
mues par la vapeur, était un problème pratiquement résolu. Toutefois, les premières locomotives
ne donnaient pas encore un résultat satisfaisant;

---

1. Par exemple, emploi d'une roue dentée, s'engrenant avec une
crémaillère disposée entre les rails, ou encore, de jambes mobiles
qui étaient alternativement appuyées sur le sol puis soulevées.

la quantité de vapeur que leurs chaudières pouvaient fournir était insuffisante pour la charge
ou la vitesse qu'on voulait obtenir.

La raison en était dans la nature de la chaudière, dont l'eau était chauffée par un foyer intérieur, dans un tube qui la traversait dans toute

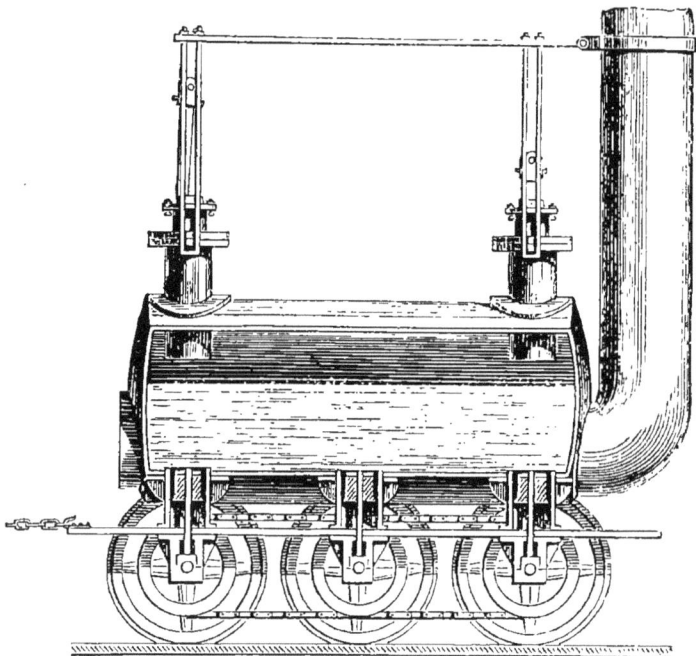

Fig. 84. — Locomotive de G. Stephenson à chaîne sans fin (1814)

sa longueur (fig. 84). La surface de chauffe n'était
pas assez considérable pour la vaporisation qu'il
importait d'obtenir, et le tirage était tout à fait
insuffisant.

Toutefois, les locomotives de Stephenson, d'Hac-
worth réalisèrent, sous divers rapports, des perfectionnements qui eurent leur importance : le mé-

canisme moteur, la transmission, l'adhérence des roues sur les rails furent l'objet de dispositions nouvelles qu'il serait trop long de décrire. Jusqu'en 1829, la locomotion à vapeur ne fit que les progrès de détail dont nous parlons.

Fig. 85. — *La Fusée*, de Robert Stephenson.

Mais, à cette époque, la substitution à la chaudière ordinaire de la chaudière tubulaire avec tirage produit par un jet de vapeur, produisit une véritable révolution dans l'application des machines à vapeur à la locomotion sur les voies ferrées. C'est à Marc Séguin qu'est due l'invention

des chaudières tubulaires; grâce à l'accroissement
énorme de surface de chauffe que cette disposition
permit d'obtenir sans augmenter les dimensions
du générateur, la vaporisation se trouva accrue
dans une proportion qui multiplia la puissance
des machines; mais pour suffire à cette production

Fig. 86. — Marc Séguin l'aîné.

de vapeur, il fallait entretenir l'activité du foyer
par un tirage énergique que la très-faible hauteur
des cheminées des locomotives ne pouvait donner.

Ce fut donc aussi une invention heureuse que
celle de se servir de la vapeur, quand elle vient
d'agir sur le piston, et de la faire évacuer dans la
cheminée même. Elle produit ainsi, à chaque coup
de piston, un courant rapide qui entraîne au de-

hors l'air et les gaz de la combustion, et par les tubes, détermine un appel au sein même du foyer.

La première locomotive où ces deux capitales améliorations furent appliquées, fut *la Fusée*, qui sortit des ateliers de Robert Stephenson, et qui

Fig. 87. — George Stephenson.

obtint en 1825 le prix du concours ouvert à Liverpool.

S'il est permis d'attribuer, sans risque de commettre une injustice, à notre compatriote M. Séguin, l'invention de la chaudière tubulaire pour locomotives, on peut dire avec la même assurance à qui est due l'idée d'appliquer au tirage le jet de la vapeur. Hackworth, Pelletier, G. Stephenson, sont également signalés comme les inventeurs de cet important perfectionnement.

Séguin l'aîné, Stephenson, tels sont en résumé les deux noms en qui se personnifie la révolution économique, mécanique et industrielle par laquelle les chemins de fer, jusqu'alors exclusivement employés dans les exploitations minières, sont devenus les plus importantes voies de circulation universelle.

Marc Séguin, qui est mort récemment, était le neveu de Montgolfier, l'inventeur des ballons. George Stephenson était un simple ouvrier mineur, qui conquit, par son intelligence et son travail, une éminente place dans l'élite des ingénieurs anglais, et, de plus, eut la satisfaction de voir son fils Robert atteindre et dépasser sa propre réputation si méritée.

Pour montrer combien *la Fusée* était supérieure aux locomotives en usage sur les voies ferrées en 1825, citons, d'après M. Perdonnet, les chiffres comparatifs suivants : les anciennes locomotives, vaporisaient 450 kilog. d'eau par heure, *la Fusée*, près du double, soit 850 kilog. Et cependant, la dépense de combustible pour le transport d'une même charge à une même distance était réduite de plus de moitié. La vitesse était accrue de 10 kilomètres à 15. Tous ces résultats se condensent pour ainsi dire dans une seule donnée, la surface de chauffe, qui, de 3^m.82, dans les anciennes locomotives, atteignait 12^m.80 dans *la Fusée*, plus du triple.

Depuis, d'immenses progrès ont transformé la locomotive ; la théorie et la pratique ont à l'envi

porté, pour ainsi dire, à la perfection de l'ensemble
et des détails de ce moteur si puissant et si rapide.
L'art du constructeur a été pour beaucoup dans
cette transformation ; mais tous ces progrès n'ont
pu se faire, que parce que la double invention de
Stephenson et de Séguin a permis d'étendre le réseau des lignes de fer.

La locomotive.

Description de la locomotive. — Le générateur ; chaudière tubulaire. —
Étendue considérable de la surface de chauffe. — Mécanisme moteur.

Voyons maintenant où en est, non l'industrie
des chemins de fer, — c'est un sujet qui n'a point
sa place ici, et que nous avons traité ailleurs, —
mais la machine à vapeur appliquée au transport
des voyageurs et des marchandises sur les voies
ferrées.

Nous allons prendre un exemple, un type, pour
notre description, qui sera rapide puisqu'il suffira
de voir quelle est, dans la locomotive, la disposition des organes que la machine à vapeur nous
a déjà fait connaître.

Voici une coupe longitudinale (fig. 89), puis
deux coupes transversales à l'avant et à l'arrière
de la machine, qui nous feront comprendre cette
disposition.

Occupons-nous d'abord du générateur.

La chaudière des locomotives est tubulaire. Elle
est composée de deux parties principales : l'une,
située à l'arrière et de forme rectangulaire, renferme le foyer qui, sur toutes les faces sauf la
face inférieure, est enveloppé d'eau ; l'autre, le

corps cylindrique, ainsi nommé de la forme de son
enveloppe, contient deux capacités distinctes; dans
sa moitié inférieure sont logés les tubes par lesquels passent la fumée et les gaz de combustion

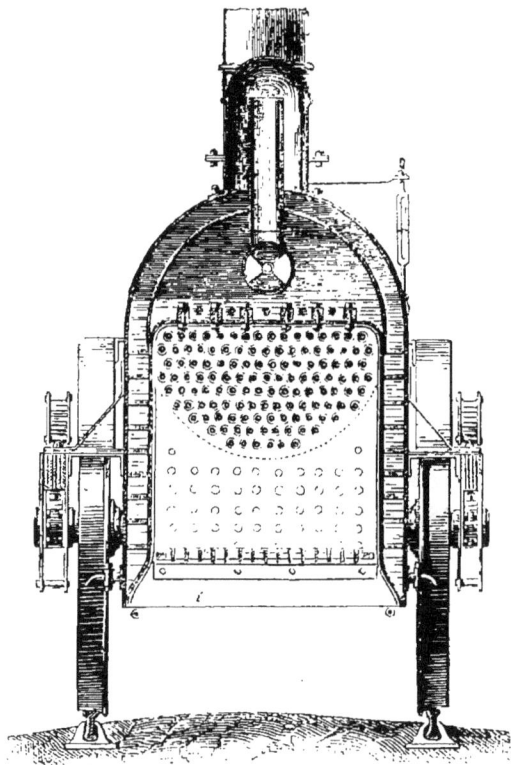

Fig. 88. — Locomotive. Coupe transversale, dans la boîte à feu.

qui du foyer vont à la cheminée. Tous ces tubes,
en nombre souvent considérable, sont baignés par
l'eau de la chaudière. La moitié supérieure du corps
cylindrique est le réservoir de vapeur qui, par un
tuyau doublement coudé à l'avant et à l'arrière,

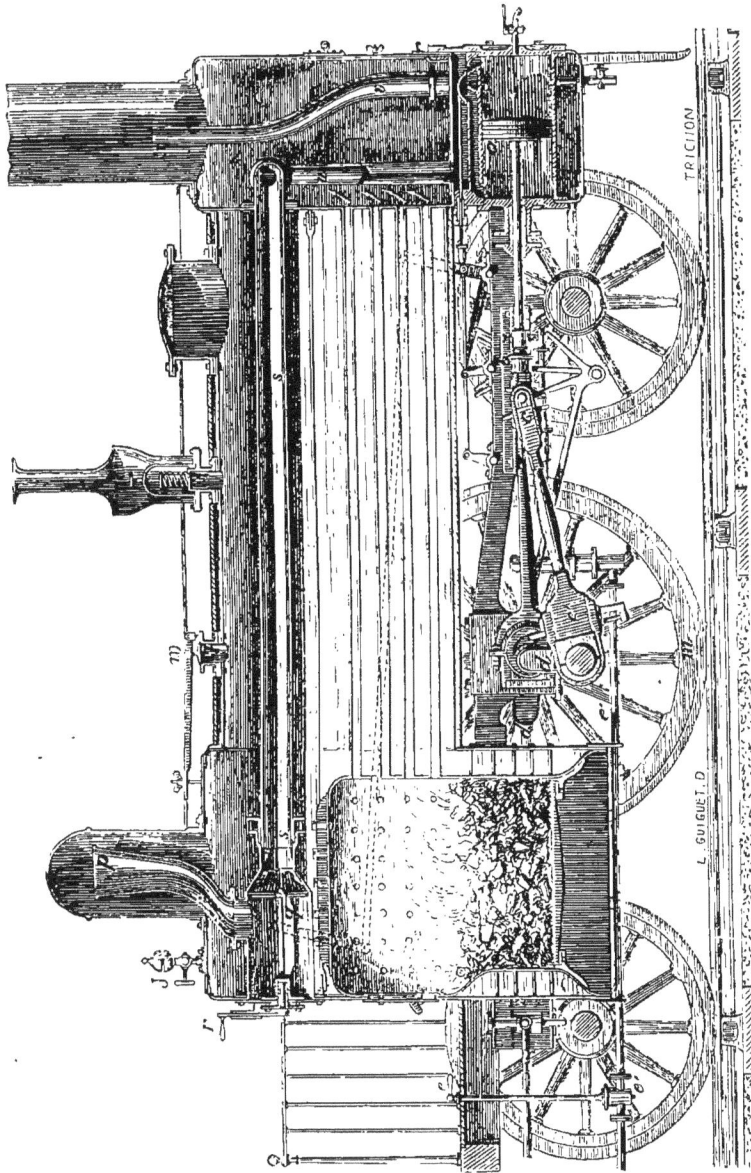

Fig. 89. — Coupe longitudinale d'une locomotive.

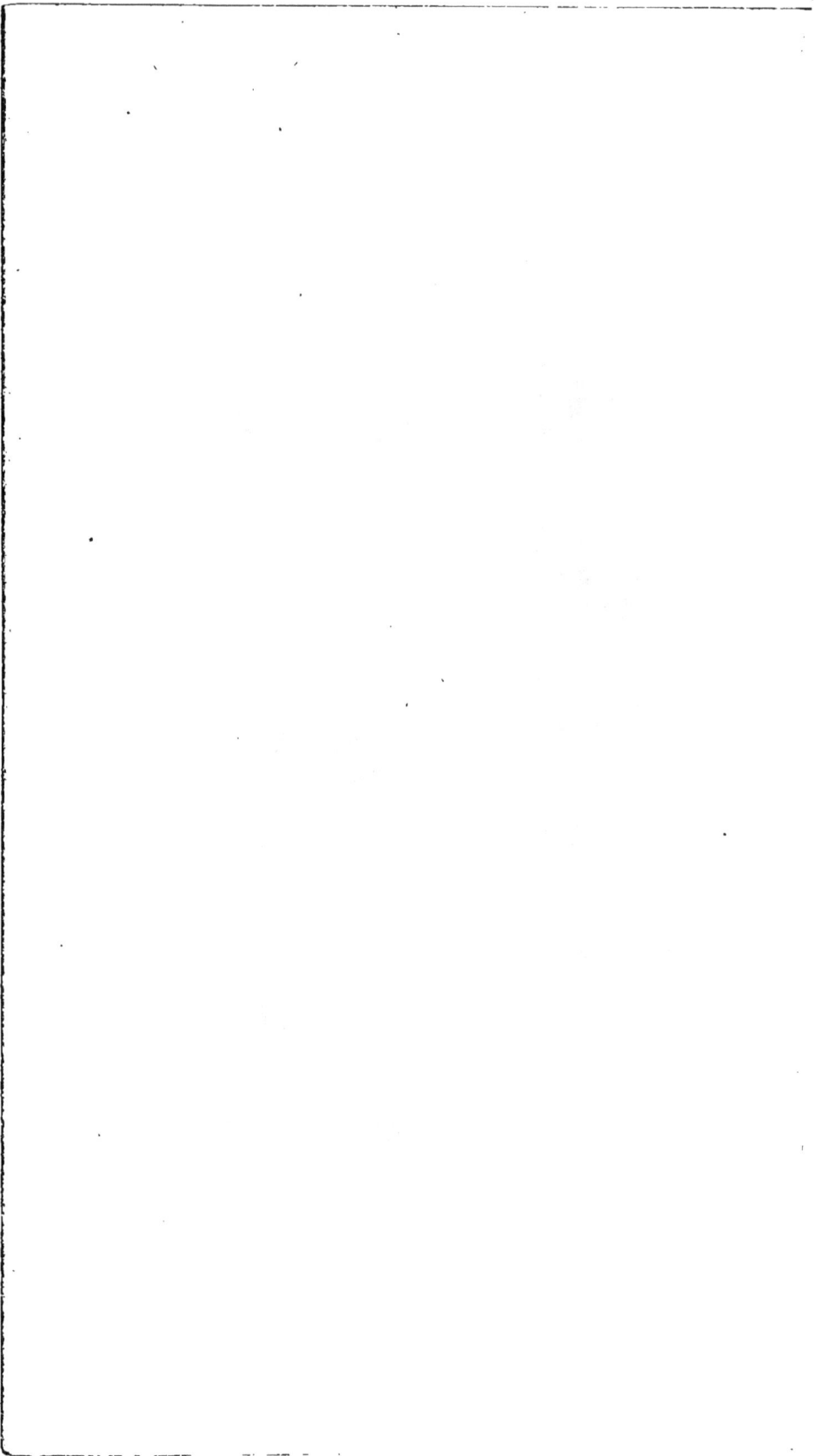

p s s u, débouche d'un côté dans le dôme, de l'autre dans la boîte à vapeur de chacun des deux cylindres de la machine.

Le mécanicien peut, à volonté, à l'aide de la manette *r*, ouvrir ou fermer les valves d'un dia-

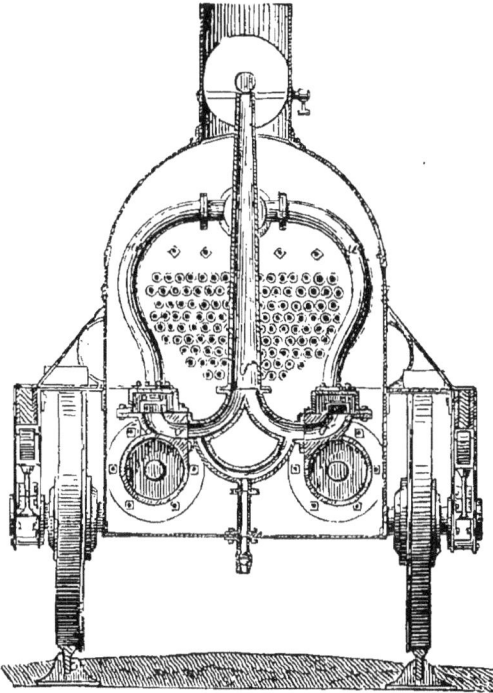

Fig. 90. — Locomotive. Coupe transversale, dans la boîte à fumée.

phragme *q* qui donne passage à la vapeur, l'arrête ou l'introduit en des proportions variées : c'est ce qu'on nomme le régulateur, et ici, à cause de sa forme, *le régulateur à papillon*.

On voit sur le dos convexe du corps cylindrique les appareils accessoires ou de sûreté de toute machine à vapeur, soupapes, manomètre, indicateur et robinets de niveau, sifflet d'alarme.

Quel est le caractère distinctif de la chaudière d'une locomotive? C'est d'abord, nous l'avons déjà dit, l'énorme étendue de la surface de chauffe relativement à la capacité totale. Pour montrer dans quelle proportion cet élément se trouve accru par l'adoption des tubes, citons quelques nombres. Dans une locomotive Crampton (type de l'Est), les enveloppes du foyer, c'est-à-dire la surface de chauffe par rayonnement, n'est, en mètres carrés, que de 8^m.65; la surface de chauffe par contact, c'est-à-dire celle des tubes que lèchent les gaz de la combustion, est 88^m.92, ou, si l'on veut, plus de *dix fois aussi grande*. Dans une machine Engerth, à marchandises, ces nombres sont respectivement 9^m.70, 180^m.70; les tubes augmentent la surface de chauffe dans le rapport de 1 à 18.6. De là, répétons-le, le second caractère important, le tirage par le jet de vapeur, sans lequel l'activité du foyer ne pourrait suffire à une si considérable production de vapeur, sans lequel, par conséquent, le type de la chaudière tubulaire pour locomotive perdrait son principal avantage. « Dans les machines locomotives, dit M. Perdonnet, le mètre carré de surface de chauffe produit de deux à trois fois autant de vapeur que dans les chaudières à machines fixes. »

Les locomotives sont des machines à haute pression, sans condensation. C'est là une conséquence nécessaire de ce que nous venons de dire. Il faut que la vapeur s'échappe dans l'atmosphère : elle ne peut donc être à basse pression; il faut qu'en s'échappant elle produise un jet ou courant; donc elle ne peut être condensée. Le plus souvent, elle est employée avec une tension de huit à neuf atmosphères.

Mais elle fonctionne avec détente, et un mécanisme particulier, la coulisse de Stephenson, permet de faire varier la détente, et en même temps rend possible le changement de sens dans la direction du mouvement. Une locomotive comme un bateau à vapeur — on comprend aisément la nécessité d'une telle manœuvre — doit pouvoir marcher en arrière comme en avant.

Continuons notre description.

La locomotive est en réalité, au point de vue du mécanisme moteur, formée de deux machines à vapeur accouplées. Il y a deux cylindres, munis chacun de son piston, de son tiroir, et la tige de chaque piston agit par l'intermédiaire d'une bielle sur la manivelle ou sur le coude de l'essieu qui porte la paire de roues motrices. Il y a même, dans certains types de locomotives, quatre cylindres, quatre machines agissant deux par deux, sur deux essieux différents. Rien de spécial, sauf dans l'agencement et les détails, ne distingue le mécanisme moteur de celui que nous avons vu fonctionner dans les machines fixes, terrestres ou marines. Les figures montrent quelle est la disposition des cylindres ordinairement placés à l'avant, tantôt horizontaux, tantôt légèrement inclinés, tantôt logés hors du châssis qui porte chaudière et machine, tantôt intérieurs. Ici les cylindres sont intérieurs et horizontaux.

C'est ce que nos coupes longitudinales et trans-

versales de la locomotive laissent voir clairement.
Dans la figure 89, la distribution et l'échappement
sont aisés à comprendre. La vapeur, qui est amenée par le tuyau *ss* jusque dans l'espace qu'on
nomme boîte à fumée, trouve là deux conduits *uu*,
qui vont, en se contournant, aboutir aux boîtes à
vapeur des deux cylindres. Après avoir agi sur
les pistons elle traverse les tuyaux *vv'*, et par le
tuyau vertical V qui s'ouvre à la base de la cheminée, elle s'échappe en produisant le mugisse-
ment saccadé qu'on entend toujours dans les lo-
motives en marche.

La rapidité avec laquelle ces bruits produits par
l'échappement se succèdent en pleine vitesse d'un
train indique assez combien est grand le nombre
des coups de piston dans chaque cylindre. On peut
calculer ce nombre d'après la vitesse de la locomotive : dans les trains rapides, cette vitesse atteint 60 et même 80 kilomètres par heure. En
supposant cette distance parcourue par une locomotive à voyageurs, (système Crampton) dont la
roue motrice a 2^m.30 de diamètre, ou 7^m.20 de développement, on trouve qu'en une heure, la machine a fait 11 111 tours de roue. dont chacun
correspond à une double course des pistons. C'est
trois doubles courses, ou six courses simples par
seconde.

On comprend avec quelle rigoureuse précision
ont dû être calculés et exécutés tous les organes,
toutes les pièces du mécanisme moteur et surtout
du mécanisme de distribution, pour qu'il ne se
produise aucun dérangement par le fait de mouvements aussi rapides.

Principaux types de locomotives.

Classification selon le service. — Machines à grande vitesse, à voyageurs : type Crampton. — Machine à petite vitesse, à marchandises : type Engerth. — Locomotives mixtes. — Machines pour fortes rampes.

Si la locomotive a un caractère spécial qui la distingue des autres machines à vapeur, des machines fixes de l'industrie, comme des machines mobiles de la navigation, il ne s'ensuit pas qu'elle constitue un type unique et uniforme. C'est un *genre;* mais ce genre comprend de nombreuses variétés.

Ces variétés, dont je ne puis décrire ici que les principales, ont été successivement créées pour satisfaire aux exigences multiples et croissantes des nouvelles voies de transport. Il a fallu tout d'abord se préoccuper de deux nécessités, sinon opposées absolument, du moins très-différentes : d'une part, la rapidité, qualité qu'on s'est attaché à réaliser dans les trains de voyageurs, sans dépasser toutefois les limites de la prudence ; d'autre part, la puissance de traction, indispensable pour les convois de marchandises, où la masse à transporter en un seul train importe plus que la vitesse du transport.

Sous ce rapport, les locomotives se sont donc divisées d'abord en deux types bien tranchés :

Les *locomotives à voyageurs,* uniquement destinées au transport rapide des convois de faible masse; service de grande vitesse;

Les *locomotives à marchandises,* spécialement

consacrées à mouvoir, à une vitesse modérée, les plus lourdes charges; service de petite vitesse.

Tout naturellement, un troisième type intermédiaire entre les deux premiers, participant de leurs qualités moyennes, a dû être créé. Ce sont :

Les *locomotives mixtes*, employées à traîner des convois renfermant à la fois des voitures à voyageurs et des wagons de marchandises; ou encore pouvant à volonté être affectées alternativement au service de la grande vitesse ou au service de la petite vitesse.

En dehors de ces trois types principaux, d'autres types de locomotive ont été construits pour satisfaire à des services spéciaux. Nous allons passer en revue quelques échantillons des unes et des autres.

Voici le type par excellence (fig. 91) de la machine à voyageurs, à grande vitesse. C'est la locomotive Crampton, caractérisée par le diamètre considérable de ses deux roues motrices, par la faible course du piston, deux conditions qui, jointes à une haute puissance de vaporisation, en font le cheval de course des voies ferrées. Depuis trente-cinq ans bientôt que cette excellente machine est à l'épreuve, elle n'a pas cessé de répondre aux exigences du service. Elle jouit d'une stabilité provenant de l'abaissement du centre de gravité général et de l'écartement des essieux. D'un poids moyen de 30 000 kilogrammes, elle remorque des convois de 12 à 16 voitures pesant de 100 à 130 tonnes avec une vitesse qui, stationnement compris, s'élève à 60 kilomètres à l'heure.

Une Crampton, sans son tender, coûte 65 000 fr.

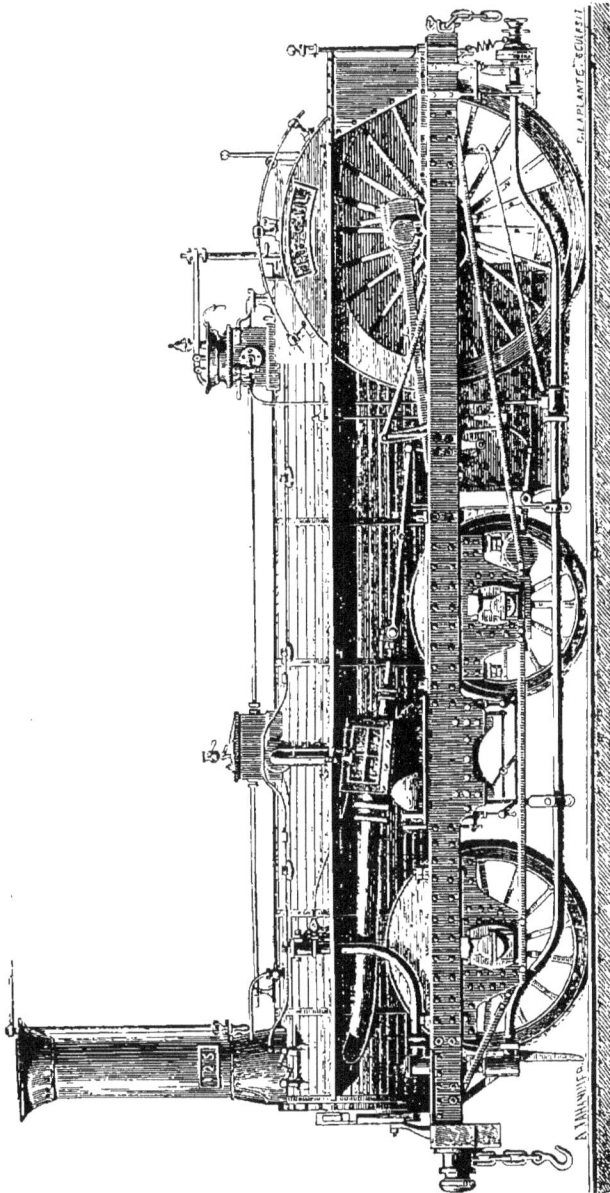

Fig. 91. Locomotive à grande vitesse : type Crampton.

Les systèmes Mac-Connel, Buddicom, Sturrock, Stephenson à trois cylindres, sont aussi de bonnes machines à grande vitesse employées sur les chemins étrangers. Le troisième cylindre de la machine Stephenson a pour objet d'obvier au mouvement de lacet que prend la locomotive sous l'action des deux pistons latéraux et que ressentent toutes les voitures du train. On se rappelle que c'est aussi, en partie, pour un motif d'équilibre que M. Dupuy de Lôme a employé trois cylindres dans ses machines marines.

Je prendrai de même le type Engerth comme le plus tranché des machines à petite vitesse destinées à remorquer de lourds convois. A considérer seulement la physionomie extérieure, et à la mettre en parallèle avec une machine Crampton, on voit à l'instant qu'on a affaire à une puissante machine, et que si l'une peut être comparée à un cheval de course, l'autre le sera non moins légitimement à un cheval de camion ou de halage.

La vitesse moyenne des Engerth (il y en a plusieurs variétés) est de 24 kilomètres à l'heure ; mais elles remorquent des convois de 450 tonnes. Leur poids atteint 63 tonnes, qui se répartissent en partie avec le poids du tender sur les roues de ce dernier, mais qui sont principalement supportées par quatre paires de roues d'égal diamètre rendues solidaires par des bielles d'accouplement. Contrairement au type Crampton, les machines à marchandises de ce type ont donc plusieurs paires de roues motrices, de petits diamètres, et une longue course pour les pistons de leurs cylindres. Grande longueur de la chaudière, du corps cylin-

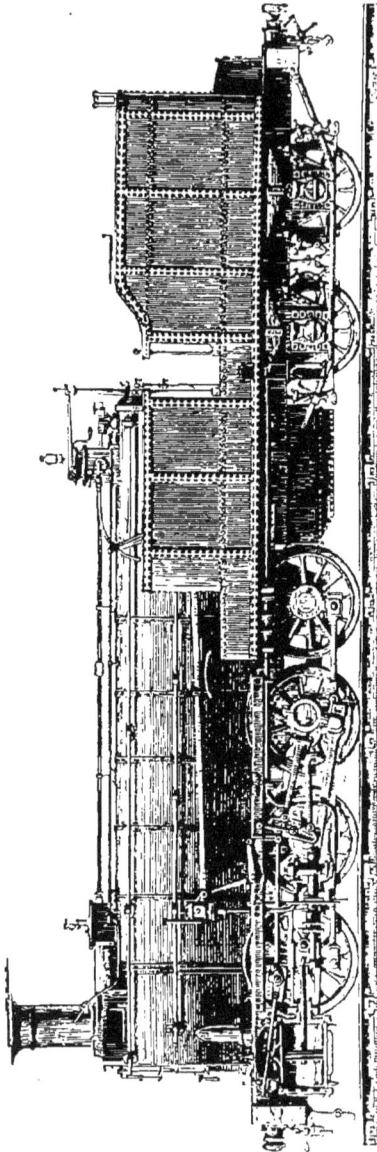

Fig. 92. — Locomotive à marchandises ; petite vitesse : type Engerth.

drique et des tubes, grandes dimensions du foyer.

Là, avec la grande surface de chauffe et la puissance de vaporisation de la chaudière, est le secret de la force de traction énorme dont est doué ce type remarquable.

Les premières Engerth [1] étaient munies d'un système d'engrenage ayant pour objet de leur permettre de gravir les rampes du Sœmmering.

Le type des machines mixtes ou locomotives à moyenne vitesse participe des deux premiers types. Deux paires de roues couplées d'un diamètre qui varie entre 1^m.50 et 1^m.70, moyenne longueur de la

1. Ainsi nommées du nom de l'inventeur, ingénieur autrichien, qui les destinait d'abord à la traction sur des lignes [de fortes rampes.

course du piston, poids de 25 à 30 tonnes, vitesse réglementaire de 45 kilomètres à l'heure, remorquage de 180 à 200 tonnes, tous ces éléments, comme on voit, sont compris entre les éléments correspondants des types extrêmes. Du reste, il ne faut pas attacher une valeur absolue à ces nombres qui varient avec les variétés multiples de ce type et des autres; il ne faut pas oublier que les diverses lignes de chemin de fer ont à satisfaire à des exigences de trafic, bien différentes les unes des autres; à coup sûr, les trains de marchandises d'une petite ligne de troisième ordre ne ressemblent point aux lourds convois qui sillonnent incessamment les rails d'une ligne telle que notre ligne du Nord ou de tel autre chemin de fer des contrées industrielles, en Belgique et en Grande-Bretagne.

De là l'emploi des machines, tantôt économiques et de faible puissance relative, tantôt coûteuses et compliquées, mais possédant une force de traction qui les rende capables de remorquer les plus lourdes charges, par les temps de brouillard et de pluie, et de gravir les fortes rampes aujourd'hui adoptées sur un grand nombre de voies ferrées nouvelles.

Ces dernières machines dont les figures 93 et 94 représentent des modèles sont dites *locomotives de montagnes* ou *pour fortes rampes*. On voit là le tender et la machine réunis sur six paires de roues, accouplées en deux groupes sur lesquels agissent les efforts de quatre cylindres.

Il faudrait, pour être complet, multiplier les descriptions et les figures; citer les *locomotives-*

tender qui font le service des gares ou servent de remorqueurs aux convois trop chargés, les *locomo-*

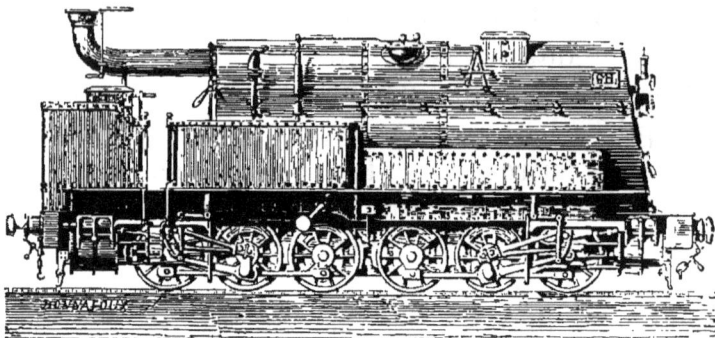

Fig. 93. — Machine à marchandises de la ligne du Nord, à douze roues couplées et à quatre cylindres.

tives de secours expédiées sur les lignes en cas d'accident, puis les types des lignes étrangères, les locomotives des chemins de fer d'Allemagne ou

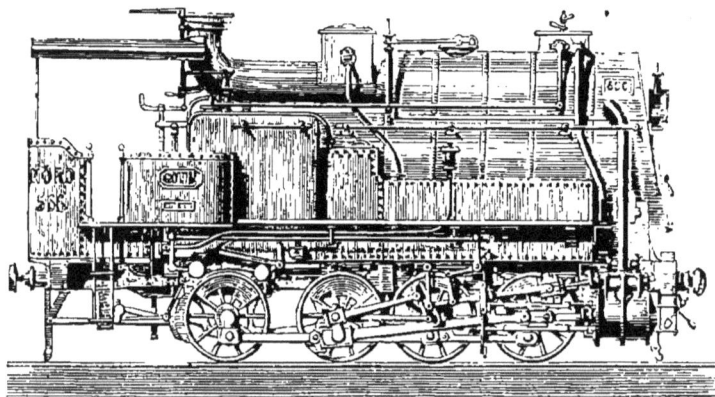

Fig. 94. — Machine tender du Nord pour fortes rampes.

d'Amérique, chauffées au bois, et auxquelles leurs avant-trains articulés, leurs chasse-bœufs, leurs cheminées largement évasées par le haut donnent un aspect extérieur si original.

Mais des détails aussi complets et circonstanciés dépasseraient mon cadre. C'est l'application de la machine à vapeur aux voies ferrées qui devait

Fig. 95. — Machine locomotive américaine.

faire l'objet de ce chapitre, non la description du chemin de fer et de son mécanisme.

Je terminerai par quelques détails sur le prix de revient et sur la consommation des locomotives. J'ai dit que le prix d'une Crampton était d'environ 65 000 francs, sans son tender ; elle consomme de 9 à 12 kilogrammes de coke par kilomètre parcouru. Les prix d'une machine mixte varient beaucoup, suivant le système : sur le chemin du Nord, une machine mixte (système Engerth) coûte 83 000 francs ; elle consomme de 10 à 12 ki-

logrammes par kilomètre. Enfin le prix des machines à petite vitesse Engerth s'élève (tender
compris) à 112 000 francs, et leur consommation
par kilomètre parcouru monte à 20 kilogrammes
de houille. Ces prix de revient sont moins éloignés les uns des autres qu'il ne paraît au premier
abord. Car en les ramenant à la tonne des machines vides, on trouve que le prix de revient, de
2200 francs environ pour les machines Crampton,
de 2500 francs pour la machine mixte, est de 2430
pour l'Engerth.

Fig. 96. — Un train de chemin de fer.

III

LES VOITURES A VAPEUR OU LOCOMOTIVES ROUTIÈRES

Difficultés de la locomotion à vapeur sur les routes ordinaires. — Premiers essais des voitures à vapeur. — Systèmes Lotz, Larmanjat et Thomson. — Résultat des plus récentes expériences.

Les premières voitures à vapeur ont été conçues et essayées sur les routes ordinaires, avant l'invention des chemins de fer. On a vu qu'elles n'ont pu réussir.

Or les raisons de ces insuccès étaient multiples : les unes provenaient de l'imperfection relative des machines à vapeur employées à cet usage, et aussi des organes du mouvement; les autres résidaient dans la nature même de la voie sur laquelle les voitures devaient se mouvoir.

Nous venons de voir par quelle suite de perfectionnements ces difficultés ont été successivement vaincues ; mais on doit avouer que la question du mouvement des voitures à vapeur sur les routes a été non pas résolue, mais tournée par l'application des locomotives à la traction sur chemin de fer. Aussi, depuis quelques années, songe-t-on à

reprendre le problème primitif, et à faire circuler
la locomotive ou une machine à vapeur analogue,
non plus sur les voies munies de rails métalliques,
mais sur les routes ordinaires sans aucun support
fixe pour les roues motrices de la machine.

Là gît la difficulté. La puissance d'une locomotive se résume en quelque sorte dans son poids,
bien qu'il soit erroné de croire à la nécessité d'augmenter le poids pour accroître l'adhérence. Les
roues, les roues motrices surtout supportent ce
poids toujours considérable et s'en déchargent sur
la route même, aux points où elles se trouvent
en contact avec celle-ci. Or, quelque bien pierrée
et entretenue que soit la route, le sol enfonce sous
la pression, des ornières se creusent et au bout
de peu de temps les machines restent en route.

Malgré d'ingénieuses et nombreuses tentatives,
c'est ce qui est arrivé à la plupart des voitures à
vapeur ou locomotives routières, jusqu'à ces dernières années du moins. Je me bornerai donc à
quelques détails sur les systèmes qui ont fonc-
tionné de la façon la plus satisfaisante, qui ont
approché le plus près de la solution industrielle
et pratique.

A Londres, en 1862, on a employé des locomotives du système Bray pour remorquer sur des routes ordinaires, macadamisées ou pavées, de lourds
fardeaux, des trucs ou trains chargés de masses
trop lourdes pour être mises en mouvement par
des chevaux.

En 1864, on fit à Nantes des expériences avec
une locomotive routière construite par un de nos
habiles mécaniciens, M. Lotz. Au mois d'août de

l'année suivante, ces expériences furent reprises à
Paris et donnèrent des résultats intéressants. En
voici la description, que nous empruntons au *Dictionnaire des sciences mathématiques appliquées* de
M. Sonnet :

« La machine de M. Lotz est de 5 chevaux-vapeur. Elle porte avec elle son tender. La chaudière

Fig. 97. — Voiture à vapeur, système Lotz.

est montée sur quatre roues ; le train de devant
est mobile autour d'une cheville ouvrière, comme
dans les voitures ordinaires. Tout le mécanisme
est placé au-dessus de la chaudière et parfaitement visible. L'arbre moteur transmet le mouvement à l'une des roues de derrière par l'intermédiaire d'une chaîne sans fin, engrenant avec une
roue verticale solidaire avec l'essieu. La bande
des roues de derrière a 0^m,20 de largeur ; le constructeur a ainsi évité les ornières. Les roues sont
montées sur ressorts, ce qui évite les secousses

brusques capables de fausser les bielles. Un homme assis sur le devant d'une locomotive manœuvre les roues de devant et fait tourner le véhicule avec la plus grande facilité à l'aide d'une petite roue verticale analogue à celle dont se sert le timonier à bord des navires. »

Avec une charge de 5 à 6 tonnes, la vitesse de la locomotive Lotz atteignait 16 kilomètres à l'heure sur une route en bon état d'entretien ; elle remorquait de 12 à 15 tonnes avec une vitesse de 6 kilomètres, gravissant des pentes qui variaient de 0^m,07 à 0^m,13.

Un des inconvénients de ce mode de transport, ce sont les variations considérables des efforts à exercer par des moteurs dont la force doit être sensiblement constante. La locomotive routière Larmanjat répond à cette difficulté. Aux roues motrices de grand diamètre, marchant avec une vitesse de 16 kilomètres par exemple, on peut substituer rapidement deux roues de plus petit diamètre, solidaires et disposées à l'intérieur des premières. Cette substitution entraînant une diminution de la vitesse de la machine, vitesse réduite à moitié, j'imagine, la puissance de traction sera devenue double, et la locomotive pourra vaincre alors les obstacles que la pente ou le mauvais état de la route aura suscités dans le trajet. Une machine de ce système figurait, en 1867, à l'Exposition universelle ; elle avait la force de trois chevaux-vapeur. « Partie de la gare d'Auxerre, remorquant un lourd camion à basses roues, portant une charge de plus de 3000 kilogrammes, et ainsi chargée, au moyen de l'emploi de ses petites

roues, elle a pu gravir une longue rampe de 0ᵐ,08
par mètre, avec une vitesse moyenne de 8 kilomètres à l'heure. » D'autres expériences, faites d'une
manière continue aux environs de Paris, ont été,
paraît-il, très-favorables à ce système. La vue
que nous donnons de la locomotive routière de

Fig. 98. — Locomotive routière de M. Larmanjat.

M. Larmanjat a été dessinée d'après nature, à l'un
des nombreux essais faits tout récemment à Paris, au Trocadéro.

Nous devons citer aussi la locomotive routière
de M. Albaret, de Liancourt (Aisne), laquelle a été,
pendant deux années, expérimentée dans les dé-
partements du Nord et du Jura, remorquant, sur
des routes dont les rampes atteignaient 0ᵐ,05 à

$0^m,06$, des charges de 12 tonnes à une vitesse maximum de 6 kilomètres à l'heure ; celle de M. Garet, qui a remorqué, d'Auxerre à Avallon et retour, une diligence chargée de 15 personnes, à la vitesse moyenne de 11 kilomètres.

Les Anglais et les Américains ne sont pas restés en arrière dans cet ordre de recherches. Ils ont fait de nombreuses tentatives pour résoudre pratiquement la question de la locomotion à vapeur sur les routes ordinaires. Pour eux, comme pour nos ingénieurs et constructeurs français, la difficulté à vaincre était d'éviter les ornières occasionnées par le poids de la machine. C'est ainsi que, dans le système Boydell, on employait un rail sans fin venant se placer au-devant de la roue et reposant sur le sol au moyen de larges patins : la complication du mécanisme et la faible vitesse obtenue ont fait abandonner ce système. Le système Bray avait adopté des roues en fer de grandes dimensions, munies de griffes mobiles à leur circonférence, mais il résultait de là une détérioration rapide des routes.

Pour résoudre le même problème, un constructeur d'Édimbourg, M. Thomson, a imaginé de garnir les jantes des roues motrices de sa machine de bandes de caoutchouc vulcanisé qui ont une épaisseur de $0^m,125$, sur une largeur de $0^m,30$.

«Ces bandes supportent parfaitement le poids de la machine[1], et roulent sur les routes ordinaires sans écraser les pierres qui se trouvent à la

1. Article de M. Sauvée dans les *Annales industrielles*, excellente revue à laquelle nous empruntons le dessin de la locomotive routière Thomson.

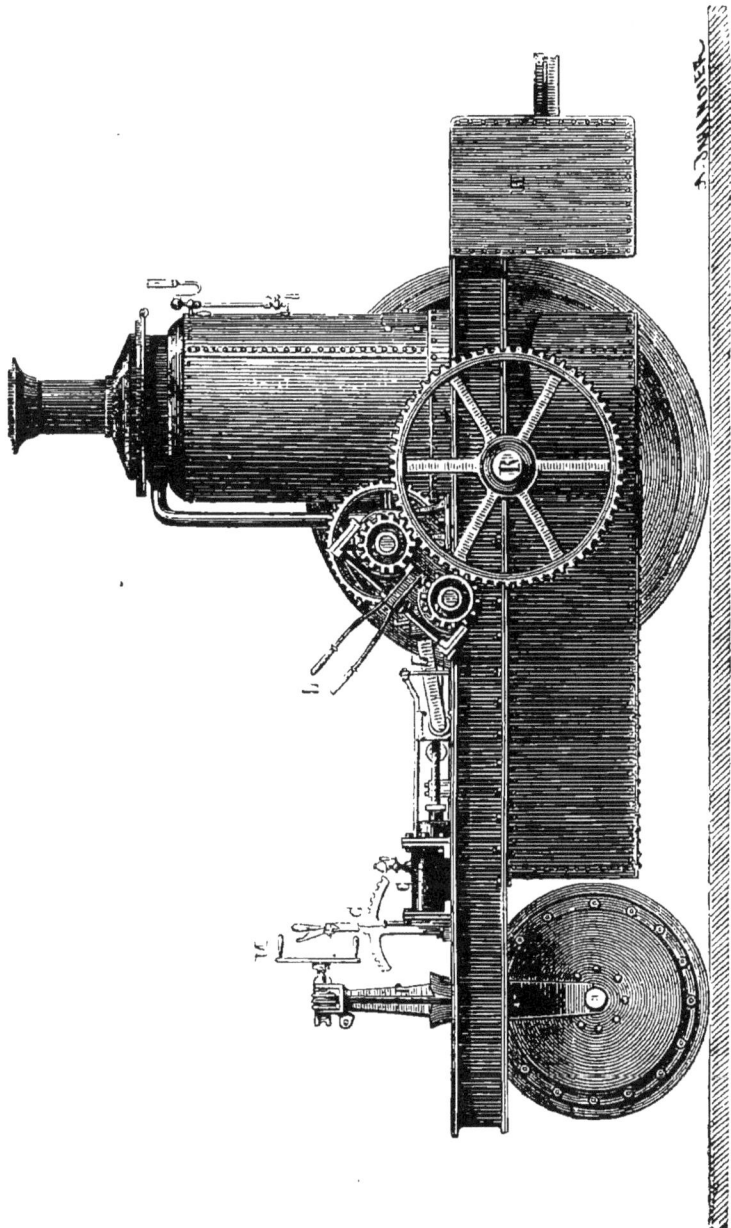

Fig. 99. — Locomotive routière, système Thomson.

surface. Grâce à l'élasticité du caoutchouc, le contact entre la jante et le sol n'a plus lieu suivant une génératrice, mais suivant une surface sur laquelle la pression se trouve répartie. Les roues ne s'enfoncent plus alors dans le sol, et même, si l'on fait circuler la locomotive sur une route nouvellement chargée, elle passera sur les pierres fraîchement cassées sans que le bandage soit coupé ni détérioré. La force employée pour faire marcher une machine de ce genre sera donc de beaucoup inférieure à celle nécessaire pour une machine à bandages lisses en fer, car, dans ce dernier cas, la roue écrase le ballast et occasionne une perte de force notable. »

Une locomotive de ce modèle a pu circuler dans une prairie sans laisser de fortes traces de son passage. Sur une route horizontale, elle peut remorquer 30 tonnes avec une vitesse variant de 4 à 10 kilomètres à l'heure. Sa force effective est de 16 à 18 chevaux. En Angleterre, on en emploie plusieurs au transport du charbon de la mine aux usines voisines ; à Édimbourg, M. Thomson a appliqué sa locomotive à la traction des omnibus. Des essais, enfin, ont dû en être faits aux Indes, par l'administration postale, pour le transport de ses dépêches dans la province du Punjaub, entre les villes de Loodlana, Ferozepore et Lahore.

Le dessin que nous donnons ici, de la locomotive routière Thomson, suffira pour faire comprendre la disposition générale des organes. On voit que la machine à vapeur est une machine à cylindre horizontal C, communiquant le mouve-

ment par une bielle à un arbre moteur doublement coudé, muni d'un pignon en rapport avec
une roue d'engrenage calée sur la roue motrice.
Grâce à cette disposition, le mouvement est donné
à l'essieu R des roues motrices de la voiture avec
une vitesse qui, pour une même vitesse des pistons, dépend des nombres de dents de la roue et
du pignon. Mais l'arbre moteur est muni d'un
second pignon qui engrène avec une seconde
roue calée elle-même sur un autre arbre moteur
parallèle au premier, et ce dernier, par un troisième pignon, communique son mouvement à la
première roue d'engrenage. Il est bien entendu
que ces deux systèmes fonctionnent isolément : le
conducteur passe à volonté de l'un à l'autre, à
l'aide de leviers de manœuvre à sa portée, L. Il
peut ainsi faire varier, pour une même action de
la vapeur, la vitesse des roues motrices dans un
rapport qui varie du simple au double (plus exactement de 16 à 39).

Enfin, un constructeur du Mans, M. A. Bollée,
vient de construire et de faire circuler, du Mans à
Paris, une nouvelle voiture à vapeur sur laquelle
M. Tresca a fait (novembre 1875) le rapport le plus
favorable à l'Académie des sciences. Elle parcourt
facilement 20 kilomètres par heure en plaine, 12 à
15 kilomètres sur les voies fréquentées. Mais ce
qui la distingue particulièrement, c'est une disposition du mécanisme de l'avant-train, en vertu de
laquelle le conducteur peut ralentir, arrêter, accé-
lérer la vitesse et détourner le véhicule à volonté.
« C'est, dit M. Tresca, un progrès sérieux, sinon
décisif, dans l'histoire de la locomotion à vapeur.»

Le problème mécanique de la locomotion à vapeur sur les routes ordinaires peut être, comme on le voit, considéré comme résolu. Cela veut-il dire que l'emploi des locomotives routières se généralisera promptement? Il est difficile de répondre à cette question, car, à côté du point de vue technique, il y a le point de vue industriel et commercial. Il faut que ce mode de transport soit réellement économique, et cela dépend évidemment d'une foule de circonstances étrangères à la pure mécanique. Dans les grandes villes comme Paris, Londres, où les besoins de la circulation sont si continus et si pressants, les locomotives routières pourront être utilement employées, si l'on imagine des moyens qui rendent cet emploi prudent, si l'on pare aux dangers que la recontre fréquente des voitures et des piétons multiplierait à chaque instant. Il est probable que ce mode de locomotion sera essayé, et peut-être définitivement adopté, sur quelques-unes des grandes voies projetées par l'édilité parisienne sous le nom de *tramways*. On dit que des essais de halage sur des canaux par la vapeur ont été faits : c'est là, ce me semble, un intelligent emploi des locomotives routières. Mais il n'est pas impossible qu'il y ait avantage à user de ce mode de transport pour les voyageurs et surtout pour les marchandises, sur les routes solidement entretenues et où les rampes, les pentes, les coudes trop brusques ne se présentent pas, ou du moins se présentent rarement.

IV

LA VAPEUR DANS L'AGRICULTURE
ET LES CONSTRUCTIONS INDUSTRIELLES

La locomobile.

Caractères distinctifs des machines fixes, des machines marines, des locomotives et des locomobiles. — Introduction et usage de la locomobile. — Le labourage à vapeur. — Description d'une locomobile.

Quand on établit une machine à vapeur dans une usine, ce n'est pas pour une installation momentanée qu'on dispose le puissant engin; il ne quitte guère la place où on le fixe qu'à la fin de sa carrière, c'est-à-dire quand ses organes usés, détériorés par un long exercice, ne peuvent plus fonctionner utilement. En tout cas, c'est là, en un point déterminé et fixe, que le mouvement produit est distribué, multiplié, utilisé. Le nom de machines *fixes* caractérise donc bien les machines à vapeur de la grande industrie manufacturière, comme celui de *locomotives* indique aussi nettement la fonction de la machine à vapeur des voies ferrées, laquelle en employant sa puissance à se mouvoir elle-même, entraîne et remorque la charge du convoi qui la suit.

La machine de navigation, considérée sous ce rapport, tient le milieu entre les deux premières, car, d'une part, elle est installée à demeure fixe sur le navire qui la porte, et, d'autre part, elle ne meut celui-ci qu'en se mouvant elle-même.

Il nous reste à examiner un quatrième type de machines à vapeur, récemment créé, dont l'usage se multiplie de plus en plus et qui n'a guère de ressemblance avec la locomotive que le nom et l'apparence extérieure. C'est la *locomobile*.

En réalité, la locomobile est une machine fixe, mais une machine fixe transportable. Relativement légère et peu encombrante, elle est disposée comme la locomotive sur un châssis et montée sur des roues : chaudière, mécanisme moteur, volant, tout est réuni de manière à fonctionner sans aucune mise en train, si ce n'est celle de l'alimentation et de l'allumage. La machine a-t-elle achevé son service en un point, on la conduit ailleurs, là où se fait sentir le besoin de la force motrice, qu'elle dispense ainsi successivement en des lieux éloignés les uns des autres. Les roues de la locomobile ne sont pas, comme dans la locomotive, des roues motrices; elles sont absolument indépendantes du mécanisme et n'ont qu'un objet : rendre facile le transport de la machine sur les routes ou à travers les champs. A l'aide d'un ou deux chevaux attelées au limon, c'est la chose du monde la plus simple.

C'est aujourd'hui un moteur universellement employé. Dans l'agriculture, dans les constructions industrielles, les locomobiles servent à une foule d'usages et remplacent avec avantage les moteurs animés.

Dans les ateliers de maçonnerie d'une certaine importance, ce sont des locomobiles qu'on emploie à hisser les matériaux; elles donnent le mouvement aux monte-charges; elles font tourner les moulins à broyer, à fabriquer le mortier; elles sont substituées aux ouvriers qui soulèvent les moutons des sonnettes ou qui manœuvrent les grues. Les grues à vapeur mues par des locomobiles se voient fréquemment aujourd'hui dans nos ports marchands ou militaires.

On emploie les locomobiles au mouvement des pompes établies provisoirement pour l'épuisement des terrains de construction. Nous en avons vu une fonctionner devant le Louvre, pendant le siége de Paris : elle faisait mouvoir une pompe qui versait l'eau de la Seine dans des réservoirs établis le long des quais.

En agriculture, c'est le moteur adopté aujourd'hui dans tous les cas où s'introduit l'usage de l'action de la vapeur. Ainsi dans les opérations agricoles proprement dites, notamment le labourage, c'est une locomobile qui, installée à l'une des extrémités de la pièce de terre, communique le mouvement aux engins qui portent les socs de charrue. De même, dans les opérations d'industrie agricole, qui ont pour objet les produits, leur manutention, transformation, etc., machines à battre, hache-paille, concasseurs, pressoirs, coupe-racines. Partout où l'on agit sur de grandes masses, il peut y avoir et il y a, en effet, avan-

tage à substituer aux moteurs animés ordinaires,
aux hommes et aux animaux le moteur par excellence, la vapeur.

Les locomobiles sont des machines qui ont reçu,
suivant leur destination et l'inspiration des constructeurs, des formes extrêmement variées.

La chaudière est, comme dans la locomotive,
une chaudière tubulaire composée d'un foyer A
situé à l'arrière et du corps cylindrique BB, qui

Fig. 100. — Labourage à vapeur.

renferme les tubes. La puissance des locomobiles
est faible : on en construit de un et de deux chevaux jusqu'à huit chevaux. Il n'y a donc pas nécessité d'une aussi grande surface de chauffe que
dans les locomotives : aussi les tubes sont-ils plus
gros et moins nombreux.

La machine est à haute pression et sans condensation, la vapeur s'échappant dans la cheminée pour produire le tirage. Le tirage ne doit
jamais être assez activé pour attirer hors du foyer
des escarbilles enflammées, toutes les fois du

moins que la locomobile est employée dans le voisinage de matières inflammables, ce qui arrive
souvent en agriculture ; il y aurait, sans cela,
danger incendie.

Dans la locomobile que représente la figure 101,
le cylindre est horizontal et placé au-dessus de la

Fig. 101. — Locomobile Calla.
ABB, boîte à feu et corps cylindrique tubulaire : C, cheminée ; E, cylindre.
M, volant ; KL, bielle et manivelle ; HII, régulateur.

chaudière. La tige du piston guidée par une glissière met en mouvement la bielle K, qui s'articule
à la manivelle de l'arbre moteur et du volant. La
légende donne l'indication des organes ordinaires
de la machine qui n'ont rien ici de particulier.

Les locomobiles sont des machines peu économiques : elles consomment de 5 à 6 kilogrammes

de houille par heure et par force de cheval. Nous avons dit qu'elles sont légères, et, en effet le poids d'une machine de 4 à 5 chevaux ne dépasse guère 2 tonnes.

La simplicité dans la construction est une de leurs qualités; il faut qu'elles soient d'une manœuvre, d'une surveillance aisée, que les pièces en soient très-solides. En agriculture, où les hommes capables de conduire une machine à vapeur sont rares encore, ces conditions sont nécessaires, sans quoi les accidents seraient à craindre. D'ailleurs, l'éloignement des ateliers de mécaniciens rendrait les réparations, non-seulement coûteuses, mais préjudiciables par les pertes de temps que ces réparations ne manqueraient pas d'entraîner. Dans les villes, dans les centres industriels et dans les usines, ces considérations n'ont pas la même valeur.

V

LA VAPEUR DANS L'INDUSTRIE MANUFACTURIÈRE

Applications diverses de la vapeur. — Épuisement des mines. — Pompes pour l'alimentation des réservoirs et la distribution de l'eau dans les villes ; nouvelles pompes à feu de Chaillot. — Travaux de desséchement des marais et des lacs ; la mer de Harlem. — Dragage à vapeur au canal de Suez. — Grues, monte-charges et sonnettes à vapeur. — Le bac de la Clyde. — Pompes à incendie à vapeur.

Nous n'avons guère jusqu'ici considéré la machine à vapeur qu'en elle-même ; nous en avons décrit les organes, les mécanismes divers et leurs fonctions spéciales : nous l'avons vue, sinon au repos, du moins, se mouvant à vide, sauf dans la navigation, où elle emporte avec la rapidité du vent les plus gigantesques vaisseaux, dans les chemins de fer, où la locomotive entraîne les masses des trains à la vitesse de 60 et 80 kilomètres à l'heure.

Mais le lecteur n'aurait qu'une faible idée de l'immense développement qu'ont pris, dans le monde entier, les moteurs à vapeur, si nous n'entrions dans quelques détails sur les applications elle-mêmes, si multiples, si variées, dont l'indus-

Fig. 103. — Machine d'épuisement d'un puits de mine.

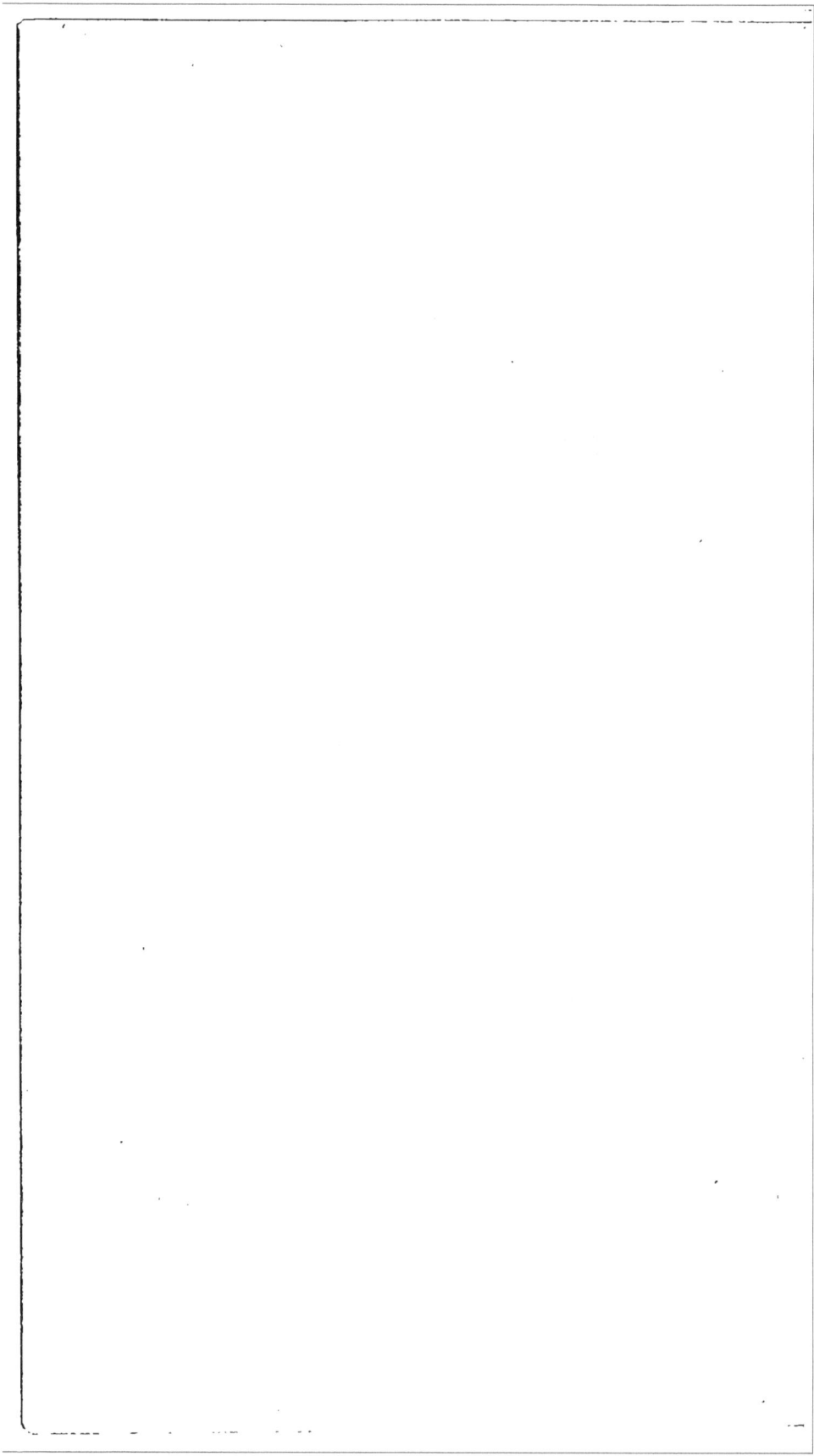

trie manufacturière s'est progressivement enri-
chie depuis un siècle, et qui s'accroissent pour
ainsi dire tous les jours. Il faut que nous montrions
la machine à vapeur à l'œuvre dans toutes les
branches de la production humaine.

On a vu que les premières machines à vapeur,
les machines atmosphériques de Newcomen étaient
exclusivement employées à faire mouvoir des
pompes : il s'agissait de l'épuisement des eaux des
mines dans le pays de Cornouailles. Cet usage
s'est répandu d'Angleterre sur le continent et
dans tous les pays de mine. Seulement les machines installées aujourd'hui dans les puits ne
sont plus, sauf de rares exceptions, les vieilles
machines primitives. Ce sont, comme on peut
le voir dans le dessin de la figure 102, des engins
colossaux aussi remarquables par leur puissance
que par la perfection de leurs organes et le fini du
travail des pièces qui les composent.

Parmi les premières machines à vapeur établies
en France, nous devons citer les fameuses pompes
à feu de Chaillot, que les frères Périer ont fait
établir en 1782, sur les bords de la Seine, puis
celles du Gros-Caillou qui datent de la même époque et ont été installées pour le même objet :
puiser les eaux de la Seine et en remplir les réservoirs d'où ces eaux étaient distribuées dans
divers quartiers de Paris. Il n'y a guère qu'une
vingtaine d'années qu'elles ont été supprimées et
remplacées par des machines d'une plus grande
puissance, les unes à Chaillot même, les autres
en amont du pont d'Austerlitz.

La nouvelle pompe à feu de Chaillot, que la

figure 103 représente en coupe et en élévation, est une machine à vapeur à simple effet[1].

A Saint-Maur sont pareillement installées des machines à vapeur, de la force totale de 400 chevaux, qui élèvent les eaux de la Marne dans le réservoir de Ménilmontant. Une autre petite machine à vapeur prend là une partie de ces eaux et les refoule jusqu'au sommet du plateau de Belleville.

Comme machines d'épuisement, les machines à vapeur ont rendu de grands services, dans les immenses travaux de desséchement entrepris par la Hollande. C'étaient les moulins à vent qui avaient d'abord commencé cette grande œuvre, bientôt la vapeur a été préférée pour sa puissance et la régularité de son travail. Il s'agissait de dessécher le lac de Harlem, dont les eaux envahissantes finissaient par menacer jusqu'à la ville d'Amsterdam. 700 millions de mètres cubes ne sont pas une petite masse; aussi trois machines à vapeur furent installées sur les bords du lac, faisant mouvoir ensemble dix-neuf pompes dont chacune enlevait 47 000 mètres cubes en vingt-quatre heures. En cinq ans, et pour une dépense de totale de 19 millions de francs, Harlem-meer avait disparu. « Aujourd'hui, dit M. Marzy, on peut parcourir en voiture le fond de ce lac transformé en prairies, au milieu desquelles on voit s'élever les fermes et les clochers destinés à former de nouveaux villages. » 18 000 hectares ont

1. Voy. l'*Hydraulique*, par M. Marzy, Bibliothèque des merveilles

Fig. 103. — Nouvelle pompe à feu de Chaillot.

été ainsi conquis sur les eaux et rendus à l'agriculture.

Le lac de Zuid-Plas a été desséché de la même manière ; d'autres travaux sont en cours d'exécution, et on ne parle de rien moins que de conquérir sur la mer la vaste étendue du Zuiderzée. Près de 200 millions d'hectares à dessécher, tel est le travail qu'il s'agit de demander à la vapeur et dont la dépense est évaluée à 220 millions de francs.

« En Angleterre, les desséchements au moyen de machines à vapeur s'effectuent, depuis quelques années, sur une vaste échelle, et sont devenus une des opérations les plus communes de l'agriculture. Dans le Lincolnshire, les machines à vapeur sont au nombre de quatre-vingt-dix environ, dont la force varie de 15 à 80 chevaux. Elles font en général mouvoir des écopes. L'étendue des surfaces desséchées dépasse 90 000 hectares. » (*Hydraulique*, de Marzy.)

Parmi les grands travaux d'utilité publique et internationale où la vapeur a joué un rôle important, il faut citer aussi le creusement du canal de Suez, ce gigantesque trait d'union jeté entre l'Occident et l'Orient. Les deux jetées de Port-Saïd ont été construites avec des blocs artificiels de béton pesant jusqu'à 20 000 kilogrammes chacun, et au nombre d'environ 25 000. C'est la vapeur qui donnait le mouvement aux broyeurs employés pour la trituration des matières dont le béton est formé ; c'est pareillement à la vapeur qu'on a demandé la force nécessaire pour soulever ces énormes masses.

C'est elle aussi qui, à partir de 1863, a presque

partout remplacé le travail de l'homme, trop lent
et trop coûteux. « La simple pioche du terrassier
fellah fut remplacée, pour les déblais à sec, par
l'excavateur à vapeur, qui charge lui-même sur
les wagons destinés à les transporter à de grandes
distances les débris du sol qu'il a creusé avec une
admirable précision. » Cet appareil a rendu les
plus grands services dans le percement du seuil
d'El-Guisr, qu'il fallait, dit encore M. Marzy, élar-
gir et approfóndir sur une longueur de 10 kilomètres. Pareillement, les dragues qui ont servi à
creuser, à approfondir le canal, étaient mues par
des machines à vapeur ; les mêmes machines faisaient en outre mouvoir des pompes qui, ver-
sant sur les déblais des volumes d'eau considérables, délayaient et entraînaient ces déblais à
une grande distance, épargnant ainsi le transport
des matières et évitant les dépôts d'une trop grande
hauteur. « Deux hommes suffisaient à la rigueur
pour diriger ce rapide opérateur qui, en dix heures, ne donnait pas moins de 1800 mètres cubes
de déblais, c'est-à-dire deux cents fois le travail de
l'ouvrier le plus habile. »

Le plus souvent, dans les travaux qui ne sont
que temporaires, comme ceux qu'on vient de citer, ou dans les constructions, les appareils mus
par la vapeur ne nécessitent point l'établissement de machines fixes, à moins que, comme
dans les opérations de desséchement, il s'agisse
de plusieurs années d'un travail continu et sur
place.

Ce sont les locomobiles qu'on emploie surtout.
On en peut voir ici plusieurs exemples. Les grues

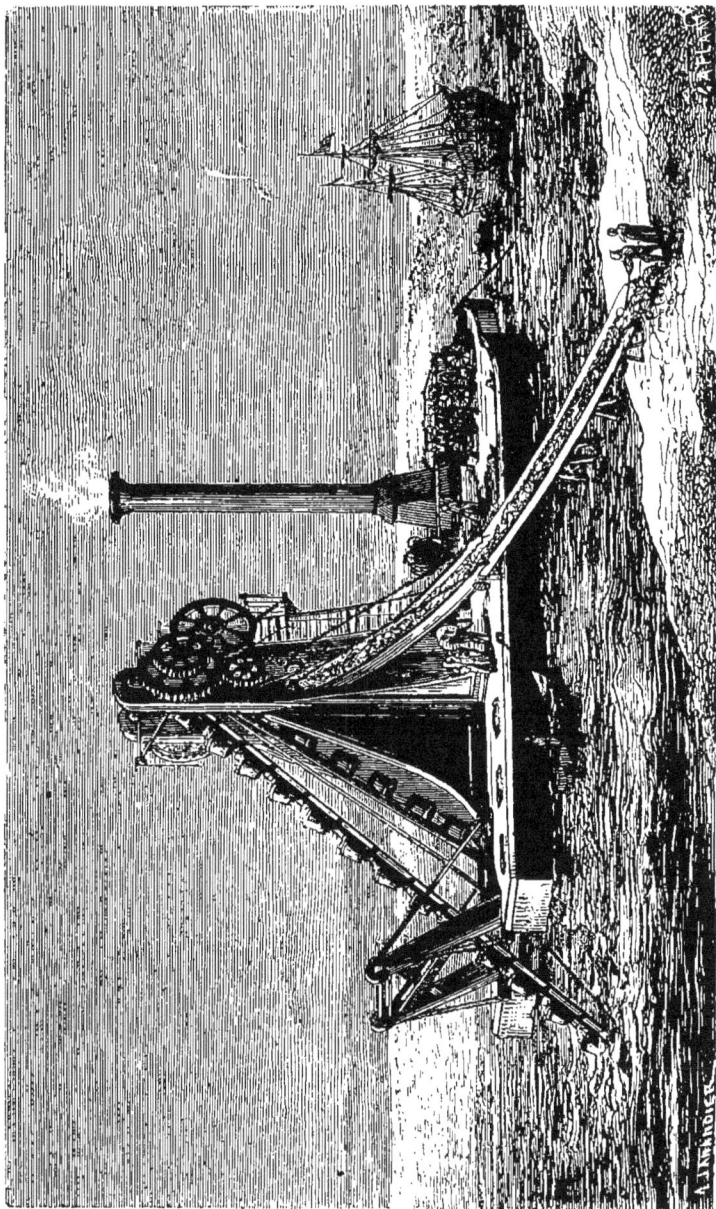

Fig. 104. — Drague à vapeur employée au percement de l'isthme de Suez.

dont on se sert dans les ports maritimes (fig 105) ont pour moteur une locomobile adjointe à l'appareil ; c'est le cas aussi pour les *monte-charges*, qu'on emploie maintenant dans un grand nombre de constructions, et qui servent à porter les matériaux à la hauteur où ils doivent être mis en œuvre par les constructeurs, maçons, charpentiers, etc. C'est le même moteur qu'on emploie dans les fondations sur pilotis pour les *sonnettes*, dont le *mouton*, au lieu d'être élevé à force de bras, comme dans les sonnettes ordinaires, est soulevé par la force de la vapeur.

Les *toueurs*, sorte de bateaux remorqueurs qu'on emploie sur un grand nombre de rivières, sont mus par la vapeur. Mais le mouvement n'y est point produit par l'action d'un propulseur à aubes ou à hélices, comme dans la navigation à vapeur ordinaire. La machine agit par traction sur une chaîne sans fin qui se déroule sur des poulies à l'avant et à l'arrière, et qui est noyée dans le lit de la rivière.

Ce même mode de transport est également employé pour le passage des marchandises et des voyageurs sur les cours d'eau dont la largeur ne permet pas l'établissement d'un pont. On en voit un exemple dans la figure 106, qui représente un bac à vapeur établi à Glascow, pour le passage de la Clyde.

Enfin, un emploi de la vapeur qui promet de prendre un grand développement dans les villes populeuses est celui qui s'applique au fonctionnement des pompes à incendie. La pompe à vapeur que représente la figure 107 est munie d'une chaudière du système Field, qui produit en huit minutes, à la pression nécessaire, la transformation de l'eau froide en vapeur. Elle est assez puissante pour fournir un débit de 900 litres d'eau par minute et lancer le jet à 45 mètres de hauteur.

La vapeur dans la grande industrie.

Fabrication du fer; forge des grosses pièces. — Le marteau pilon. — Les machines outils. — La vapeur dans les filatures et dans l'industrie du tissage. — Énorme développement de ces industries depuis l'introduction de la machine à vapeur.

Quand on passe en revue les innombrables applications de la vapeur aux travaux industriels, on est amené à les ranger en deux ou trois catégories, selon la nature du service qu'on demande au merveilleux, puissant et docile agent. C'est toujours, à la vérité, du mouvement qu'il est appelé à produire, mais sous deux formes différentes; tantôt c'est la force, c'est l'énergie de l'effort, et la vitesse est sacrifiée; tantôt c'est, au contraire, la vitesse qu'on tient à obtenir; mais alors, pour une machine de puissance donnée, c'est toujours aux dépens de la force. En dehors de ces deux extrêmes qu'on pourrait représenter, d'un côté par les machines d'épuisement des mines, de l'autre par les locomotives à grande vitesse, se rangeraient toutes les applications de la vapeur où la régularité du mouvement, la continuité doivent être les conditions dominantes.

Suivons cet ordre dans notre examen des applications de la machine à vapeur.

Mais auparavant parlons du marteau-pilon à vapeur. cet outil d'une si grande puissance qui, in-

Fig. 105. — Grue à vapeur.

venté vers 1841
par le direc-
teur des forges
du Creuzot,
M. Bourdon[1], a
tant contribué
à développer la
fabrication du
fer, cette ma-
tière première
de la mécani-
que et de l'in-
dustrie moder-
ne. Ce gigan-
tesque mar-
teau, qu'em-
ploient toutes
les mines où le
fer et l'acier
sont forgés en
pièces de gran-
des masses, ne
reçoit pas son
mouvement de
la machine à
vapeur; mais

1. Un ingénieur
anglais, M. Nas-
myth, a suivi de
près notre compa-
triote, mais, d'après
Poncelet, c'est bien
à Bourdon que re-
vient la priorité.

Fig. 106. — Monte-charges à vapeur
pour les constructions

c'est la vapeur qui, directement, l'élève ou l'abaisse
entre les deux énormes montants qui lui servent
de guide dans ses allées et venues.

La figure 109 montre comment fonctionne le marteau à pilon.

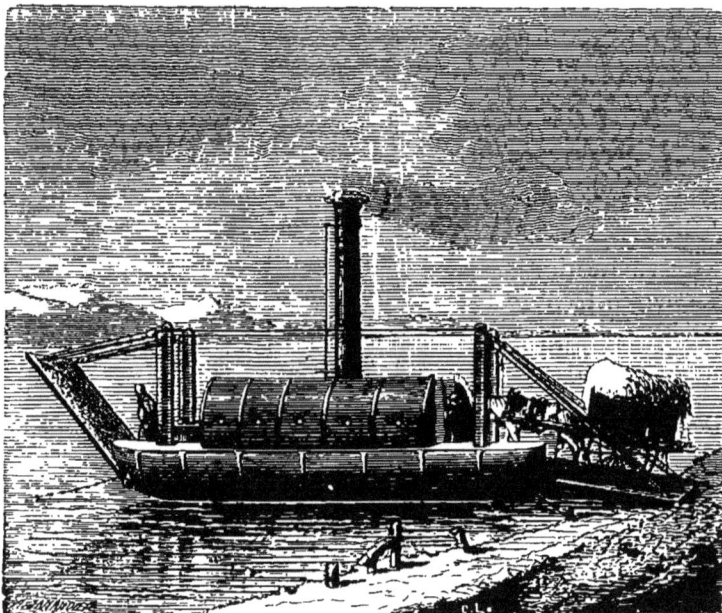

Fig. 107. — Bac à vapeur de la Clyde.

C'est un mouton en fonte dont le poids atteint
jusqu'à 15 000 kilogrammes, se mouvant entre
deux montants ou glissières, suspendu à la forte
tige du piston d'un cylindre où la vapeur peut pénétrer à volonté. Celle-ci arrive par le tuyau V et
de là par une lumière pratiquée au bas du corps
de pompe sous le piston qui est alors chassé de
bas en haut par la force élastique du fluide. A l'aide
d'un levier L, on agit sur une tige T qui abaisse
un tiroir latéral, et la vapeur s'échappe par une

cheminée UE dans l'air. La vapeur agit ici par
simple effet; mais on construit des marteaux-
pilons où elle sert à la fois à soulever l'énorme masse et à la précipiter dans sa chute. Voici
sur l'un de ces engins quelques détails que nous

Fig. 108. — Pompe à incendie à vapeur, système Merryweather.

empruntons à l'ouvrage *les Grandes usines*, de
M. Turgan :

« La compagnie australienne du chemin de fer
Victoria a commandé un énorme marteau pilon à
vapeur, qui a été construit dans l'usine de Kirk-
stall, à Leeds (Angleterre). Ce marteau est à double ou à simple effet; ainsi la vapeur agit dans les
deux sens, c'est-à-dire qu'elle peut alternativement

soulever le marteau et arriver en dessus pour précipiter sa chute et augmenter par conséquent l'action de la pesanteur. Cette disposition, qui permet
en même temps de multiplier le nombre de coups
dans un temps donné est surtout très-avantageuse
pour forger des pièces de grandes dimensions; on

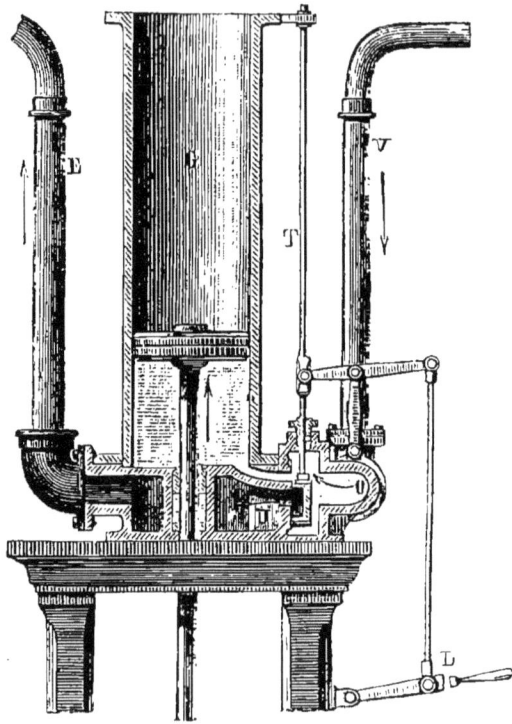

Fig. 109. — Coupe du cylindre d'un marteau-pilon.

peut, en effet, grâce à elle, opérer le travail en
une seule chaude, et on économise, de cette manière, du temps, du combustible et du métal.

« L'effet de cet engin puissant est égal à celui
que produirait le poids de 16 000 kilogrammes
frappant quarante coups par minute. L'action al-

Fig. 110. — Vue d'ensemble d'un marteau-pilon.

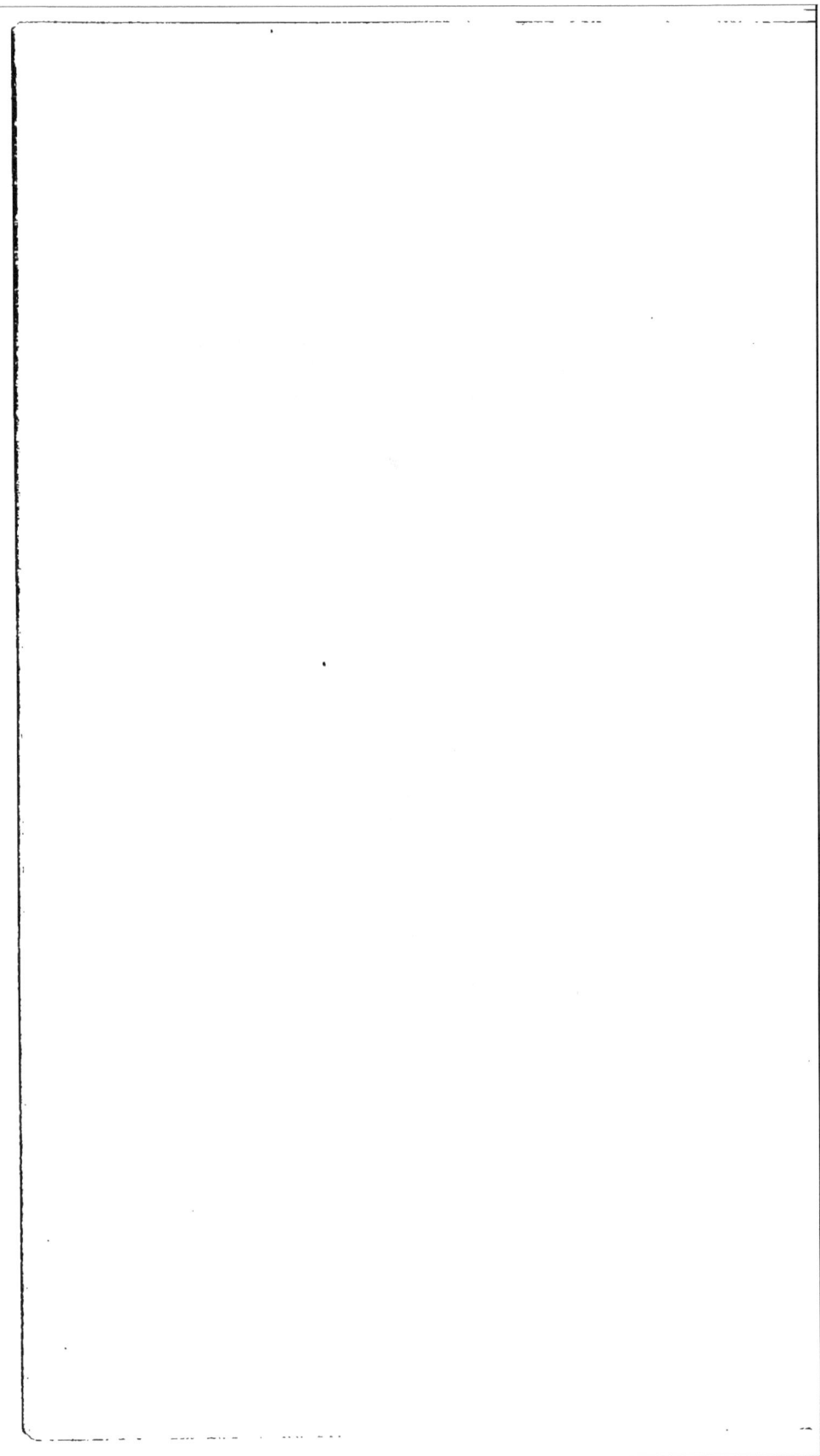

ternative du double et du simple effet peut être obtenue instantanément. A l'aide d'un tiroir convenablement disposé, on peut également changer en un instant la chute et la force du coup. On sait que, pour tous les marteaux qui agissent par la gravité, le travail mécanique produit est représenté par le poids de la masse multiplié par la hauteur de la chute. Par conséquent, plus cette hauteur est grande, plus l'action est considérable, mais aussi plus lent est le travail. Avec le marteau à double effet dont il s'agit, la force du coup peut être triplée et la vitesse doublée en même temps. La vapeur qui fait mouvoir le marteau est obtenue avec la chaleur perdue du foyer où on chauffe le fer à marteler. Le poids de tout l'appareil, comprenant la masse du marteau, l'enclume, le billot, le cylindre à vapeur, etc., est d'environ 100 000 kilogrammes. »

Le marteau-pilon est, pour ainsi dire, une machine à vapeur spéciale, où la force est directement employée à produire le mouvement de l'outil. Dans les grandes usines, fabriques de machines, forges, scieries mécaniques, ce sont le plus souvent les machines fixes, quelquefois des locomobiles, qui donnent et distribuent partout, par l'intermédiaire d'engrenages, de courroies, le mouvement à tous les ateliers : rabotage, alésage, mortaisage, forage, taraudage, polissage des pièces mécaniques, tout reçoit son impulsion de la vapeur, et l'on ne sait lequel on doit admirer le plus dans ces travaux formidables, de la puissance de l'engin, ou de sa docilité à se plier aux usages les plus divers.

N'est-ce pas quelque chose de merveilleux que de voir ces machines-outils travailler l'acier et le fer avec la même aisance que le bois sous la main de l'ouvrier menuisier, charpentier ou charron; ces cisailles, découper le fer brut, tailler les épaisses feuilles de tôle, comme le ciseau du tailleur fait de l'étoffe la plus souple? « Autrefois, on grattait à peine le fer, aujourd'hui, on le rabote comme du bois, on le découpe et on le perce comme du carton. Certaines machines-outils d'Indret sont assez solidement établies pour pouvoir enlever un copeau de 40 millim. sur une longueur de 11 m.; le chariot mobile qui porte le burin pèse à lui seul 14 tonnes. Parmi les machines les plus curieuses d'Indret nous devons signaler un tour de Mazeline, destiné à raboter circulairement les arbres coudés. Son burin est porté par un disque tournant dans un cadre; la pièce que l'on travaille traverse ce disque et avance sur un chariot pour présenter successivement à l'outil tous les points qui doivent être atteints. On remarque également un tour en l'air de M. Calla, dont le plateau mesure 5 m. de diamètre, des bancs à aléser, à percer, à planer le fer, la fonte et le bronze par tous les moyens connus[1]. »

Si je voulais énumérer et décrire, même sommairement, tous les usages de la machine à vapeur dans l'industrie moderne, ce n'est point un chapitre, mais un livre, et un gros livre, qu'il faudrait écrire. Je la trouverais dans les hauts fourneaux, où des machines horizontales fonc-

1. Turgan, *Grandes Usines de France.*

Fig. 111. — Marteau-pilon de la forge des grosses œuvres, au Creusot.

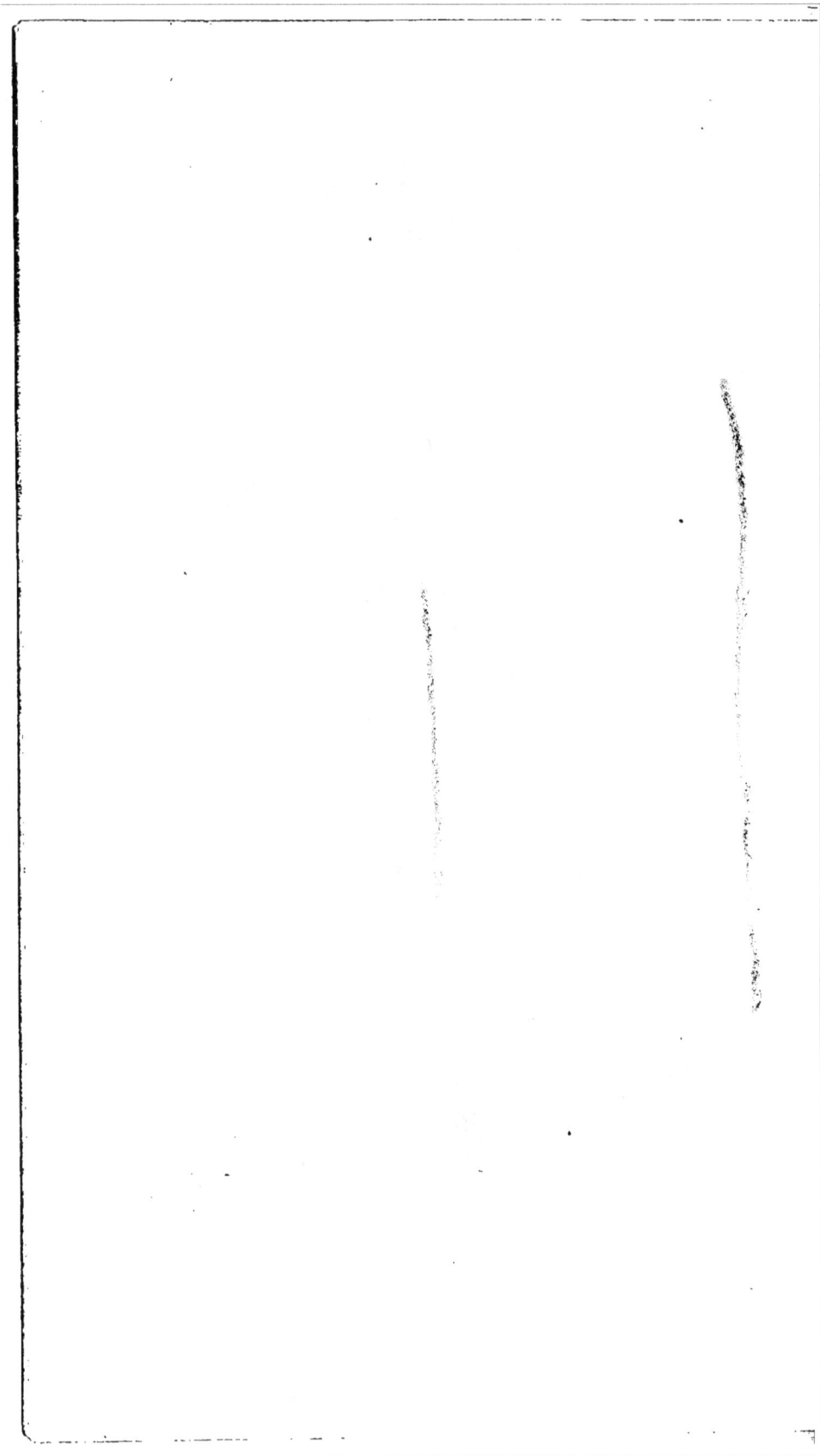

tionnent comme souffleries pour activer et entretenir les feux; dans les tailleries de diamants, où la vapeur imprime aux meules la prodigieuse vitesse de 2500 tours à la minute; dans les brasseries, où elle met en mouvement les pompes qui servent au transvasement des masses liquides; dans les papeteries, où elle fait fonctionner les machines laveuses et blanchisseuses du papier; dans les tuileries, dans les fabriques de literies, de pianos, où elle scie le bois, le découpe en arabesques de toutes formes; dans les fabriques d'orfévrerie, à la Monnaie, où les presses d'Uhlhorn, perfectionnées par Thonnelier et mues par la vapeur, frappent jusqu'à 2400 pièces à l'heure; dans les fabriques de tabac, de chocolat, et enfin, dans cent autres opérations industrielles qui ont besoin d'un moteur puissant, régulier, rapide, continu.

Mais il est deux grandes industries où la vapeur joue un rôle d'une importance immense : dans les fabriques de tissus, les filatures, ces pourvoyeuses de vêtements du genre humain tout entier; puis dans l'imprimerie typographique et lithographique, qui nous donne l'aliment intellectuel sous sa forme la plus assimilable, le livre et le dessin.

Ici, je ne puis entrer dans les détails techniques, ce serait d'ailleurs sortir du sujet. Mais quelques données de statistique comparée montreront quels services a rendus, et rend tous les jours la vapeur à la production, dans ces deux branches de l'industrie contemporaine. Il est vrai de dire que ce n'est pas le moteur seul qui a contribué à leur développement. L'invention de métiers nouveaux, de mécanismes sans cesse perfectionnés pour les opérations si délicates et si compliquées de la filature et de la fabrication des tissus, a été, sur ce point au moins, aussi favorable que l'application de la vapeur.

Voici ce que dit à cet égard M. F. Passy, dans une de ses conférences sur les machines :

« Qu'était-ce, il y a quelques siècles, que le coton? La matière première des mèches à chandelle. Quelques balles, importées accessoirement par les Vénitiens et les Génois, suffisaient à cet usage. Plus tard, vers 1430, on eut l'idée d'employer cette substance à la confection d'étoffes grossières, dans le genre des futaines flamandes, et quelques armateurs de Bristol et de Londres commencèrent à l'envoyer chercher directement dans le Levant. Jusqu'au dernier tiers du siècle dernier, cependant, époque de l'apparition des grandes inventions d'Hargreaves et d'Arkwright, ce n'était, en Angleterre même, qu'une industrie de peu d'importance, à laquelle suffisaient, tant pour la filature que pour le tissage, 7 à 8000 ouvriers à peine. En 1773 encore, quoique la fileuse mécanique d'Hargreaves, la *Spinning jenny*, datât de quelques années déjà, la trame seule était en coton, faute de fils convenables pour la chaîne, qui se faisait en fils d'Allemagne ou d'Islande. Ces fils, d'une force et d'une torsion que ne pouvait procurer la fileuse d'Hargreaves, n'ont été qu'alors obtenus en coton par le métier continu *spinning frame*, et ce n'est qu'en 1779 que ce qu'on a nommé la *mull jenny* a sérieusement

commencé l'ère de la fabrication mécanique.
L'usage de la vapeur ne s'est introduit que vers
1820; le tissage à la main n'a décidément cédé la
place que quinze ans plus tard; et ce n'est que
plus récemment encore que le métier renvideur,
le métier à la Jacquart et la peigneuse d'Heill-
mann sont venus apporter à l'industrie anglaise
ses derniers éléments de puissance.

« Or écoutez quelques-uns des chiffres de la
production et du travail à ces diverses époques.
Dès 1787, moins de vingt ans après le début des
machines, une enquête se fait. Au lieu des 2700 tisseurs et des 5200 fileurs de l'époque du petit
rouet, elle accuse 247 000 tisseurs et 500 000 fileurs :
352 000 ouvriers *au lieu* de 7900! Qui avait fait
surgir cette armée de travailleurs, sinon la mécanique qui faisait appel à ses bras? Sans être aussi
rapide, le mouvement ne s'est pas arrêté depuis;
et, en 1861, le personnel de la grande industrie, à
lui seul, dans les 2715 fabriques du Royaume-
Uni, comprenait plus de 400 000 individus. Il dépassait 800 000 selon M. Baines, avec les industries latérales, telles que le tulle, l'impression
sur étoffes, la bonneterie, etc. Et pour avoir le
total des personnes directement ou indirectement
occupées par la manufacture (transport, bâtiments,
machines, etc.), il fallait aller au chiffre énorme
de 2 millions, soit *le quatorzième de la population
totale!* Il ne fallait pas moins, en effet, pour construire, pour placer, pour alimenter et pour diriger les 517 000 métiers, mis en mouvement par
plus de 263 000 chevaux-vapeur, et par près de
10 000 chevaux hydrauliques, entre lesquels se

répartissait cette production ; et l'accroissement de la force motrice, quoique beaucoup plus rapide que celui du personnel, n'avait cessé de provoquer l'accroissement de celui-ci. »

En prenant l'ensemble des industries de filature et de tissage (il ne s'agit plus haut que du coton) c'est 720 000 métiers, 36 millions de broches, 400 000 chevaux-vapeur ou hydrauliques. Et puisque nous en sommes à cette question de l'accroissement de travail produit par les machines, disons tout de suite que, d'après un ingénieur anglais, M. Feyburn, le nombre total des chevaux-vapeur employés en Angleterre atteint le chiffre énorme de 3 650 000, équivalant au travail de 76 millions d'ouvriers.

On voit quelle part la vapeur a dans ce développement industriel, et en particulier dans celui de l'industrie des tissus. Cette part n'est pas moindre proportionnellement dans les centres industriels de France, d'Allemagne, des États-Unis, du monde entier ; car partout où une industrie se développe ou se crée, c'est à la machine à vapeur, presque toujours, qu'on fait appel. C'est l'auxiliaire le plus puissant, le plus universel du travail manufacturier.

La vapeur dans l'imprimerie typographique et lithographique

Premières presses typographiques à vapeur. — Presses d'Applegath. — Rapidité du tirage obtenu à l'aide des presses mécaniques mues par la vapeur.

Quelques mots maintenant de l'application de la vapeur à l'imprimerie.

C'est en novembre 1814, au moyen d'une presse

inventée par F. Kœnig, qu'eurent lieu les premiers tirages de feuilles imprimées par la vapeur.
Le journal anglais le *Times* avait eu l'honneur et
le profit de ce premier essai, qui permit d'obtenir
1000 exemplaires à l'heure. Voici ce que dit

Fig. 112. — Presse typographique à vapeur.

M. A. F. Didot de cette application dans son *Essai
sur la typographie* :

« Dans cette machine, la *forme* ou châssis contenant les types, passe horizontalement par un
mouvement de va-et-vient sous le cylindre d'impression sur lequel la feuille de papier est en-
roulée et retenue par des cordons. Dans l'origine,
l'encre, chassée par un piston de la boîte cylindrique placée au sommet, tombait régulièrement
sur deux rouleaux de fer qui la communiquaient
à une série d'autres rouleaux, dont les deux der-

niers en cuir l'appliquaient sur les caractères.
Une importante amélioration fut le remplacement
du cuir, dont les rouleaux étaient d'abord recouverts, par une composition de colle forte et de
mélasse, formant une substance élastique très-
favorable à l'impression des caractères. La prise
d'encre et sa distribution furent postérieurement
améliorées. Enfin, M. Kœnig réunit deux machines
semblables, de manière à pouvoir imprimer un
journal des deux côtés à la fois. La feuille, conduite par les rubans, était portée d'un cylindre
à l'autre en parcourant le chemin dont la lettre S,
couchée horizontalement ∽, donne l'idée. Pendant
sa course sur les cylindres, la feuille recevait sous
le premier cylindre l'impression d'un côté, et
sous le second cylindre, elle recevait l'impression
sur le deuxième côté. Mais il faut avouer qu'en
1814, lorsque M. Bentley me montra cette admirable et immense machine, encore fort compliquée, le second côté de la feuille (la *retiration*) ne
tombait pas exactement en *registre*.

« Ce n'est qu'après de longues recherches que
MM. Applegath et Cowper sont parvenus à donner
à leur presse mécanique un tel degré de perfec
tion, que la feuille conduite par les cordons,
après avoir reçu la première impression, passe du
premier cylindre sur deux tambours en bois qui
la retournent, et va s'appliquer sur le contour
d'un second cylindre avec une telle précision
qu'elle rencontre les types de la seconde forme,
juste au même point où se trouvent imprimés du
côté opposé les caractères de la première forme,
après quoi elle vient se déposer sur une table

Fig. 113. — Presse mécanique mue par la vapeur.

placée entre les deux cylindres, où un enfant la reçoit et l'empile. »

Veut-on savoir à quel degré de rapidité l'impression est parvenue grâce à l'emploi des presses mécaniques mues par la vapeur. Voici quelques faits caractéristiques à cet égard.

La presse d'Applegath, à huit cylindres, employée à l'impression du *Times* fournit 11 520 exemplaires à l'heure. Le *New-York Sun*, journal américain imprimé par la presse Hœ, dont chaque page comprend huit colonnes renfermant chacune deux cents lignes de quarante lettres, tire 16 à 20 mille épreuves à l'heure. Le cylindre central sur lequel s'applique la forme a 6 mètres de développement : huit autres cylindres, comme dans la presse d'Applegath, se chargent successivement des feuilles, et les impriment sur huit faces différentes du cylindre central. A l'aide de 16 ouvriers, deux par cylindre, on obtient une quantité de travail qui eût jadis exigé plus de 300 pressiers.

Ajoutons que si l'impression mécanique était jadis inférieure, au point de vue de l'art typographique, à l'impression faite au moyen de l'antique presse à bras, aujourd'hui elle a été tellement perfectionnée que les amateurs les plus difficiles auraient de la peine à distinguer les produits des deux modes d'impression.

Depuis quelques années, la lithographie emploie la vapeur et des presses mécaniques qui, jusque-là avaient été réservées à la typographie. Les résultats obtenus sont remarquables, et la rapidité du tirage est venue apporter une économie importante à une industrie que la concurrence des produits typographiques menaçait sérieusement.

Terminons cette revue rapide des innombrables applications de la vapeur par quelques nouvelles données de statistique générale bien propre à montrer la vérité de cette assertion : que la vapeur est l'origine de la plus féconde révolution qui ait jusqu'ici transformé la production humaine, et à justifier le nom de *siècle de la vapeur* qu'on donne quelquefois à notre époque.

En 1865, la France possédait un total de 19 724 machines à vapeur, douées ensemble d'une force de 242 209 chevaux. Dans ce nombre ne sont point comprises les machines locomotives, dont le chiffre dépassait 4000. C'est, pour notre pays, un accroissement de puissance productive équivalant à une population active de plus de 5 millions d'ouvriers, résultat certainement dépassé aujourd'hui. A Paris seulement, on comptait à la même époque 1189 moteurs à vapeur d'une force totale de 9782 chevaux ; et en y comprenant la banlieue (dans le seul département de la Seine) il y avait 2480 machines d'une force de 19 150 chevaux. Le mouvement des voyageurs et des marchandises, sur les voies ferrées, accroîtrait dans une forte proportion les services que, d'après les chiffres qui précèdent, la vapeur rend à notre pays.

Les chiffres nous manquent pour l'industrie manufacturière des autres pays d'Europe et d'Amérique. Mais on peut se faire une idée de ce qu'ils peuvent être, en considérant l'immense développement qu'a pris le réseau des chemins de fer dans le monde entier, réseau sillonné nuit et jour par la vapeur, celui que tend à prendre de plus en plus la navigation à vapeur sur les mers, les lacs et les fleuves.

En 1867 déjà, la longueur totale de toutes les lignes de fer exploitées sur le globe atteignait 156 663 kilomètres, près de seize fois la circonférence entière de notre planète. Depuis, l'Amérique du Nord, à elle seule, a augmenté son réseau de 20 000 kilomètres, la Russie, de plus de 6000 kilomètres ; presque partout, de nouvelles lignes ont été construites ou commencées ; les locomotives répandent maintenant leurs panaches de vapeur dans les Indes, en Australie, jusqu'au Japon, et les *steam-boats* sillonnent toutes les mers. La marine, en effet, a suivi l'exemple de l'industrie manufacturière et de celle des transports terrestres, sur une moindre échelle à la vérité, mais dans une proportion qui va toujours grandissant.

En Europe, sur 100 000 navires formant à peu près le total des bâtiments de la marine marchande, on compte 4500 navires à vapeur ; mais il faut ajouter qu'en général le tonnage de ceux-ci dépasse de beaucoup le tonnage des bateaux à voiles. Ainsi, en France, tandis que le tonnage moyen des navires à voiles est de 60 tonneaux, il atteint 280 tonneaux dans les tonnages ordinaires.

Ce qu'il faut remarquer d'ailleurs, c'est que le développement de la circulation ou de la production par la vapeur, loin de nuire à celui des anciens modes de transport ou de travail, semble l'activer encore. Par exemple, l'ouverture d'une voie ferrée dans un pays agricole ou industriel surexcite le trafic, suscite la création de nouveaux chemins, de nouvelles routes, multiplie la circulation par les chevaux et les voitures, et si elle déplace ou remplace momentanément quelques industries voiturières, elle ne tarde pas à leur donner d'autres issues, favorables en somme à la richesse générale.

Explosion des machines à vapeur.

Nous venons de signaler les bienfaits dont la civilisation est redevable à l'invention de la machine à vapeur et à l'introduction progressivement croissante de ce moteur puissant dans toutes les industries. Il faut maintenant faire la part des malheurs qu'elle a occasionnés et dont nous lisons de temps à autre, dans les journaux, les récits lamentables. Chaque médaille a son revers. L'explosion des machines à vapeur, dans les usines, sur les chemins de fer, sur les bateaux cause chaque année un certain nombre de victimes. Est-ce un tribut forcé que l'humanité doive payer toujours comme une sorte de triste compensation à tous les progrès qu'elle doit à la science?

Toutes les explosions de machines à vapeur ont en réalité une cause unique : pour une raison ou pour une autre, la pression de la vapeur produite dans la chaudière dépasse la limite de la résistance des parois; le métal se déchire, éclate sous la force irrésistible du fluide, et en projetant ses débris accumule dans son voisinage les ruines et les victimes. Aux effets mécaniques de cette projection terrible, se joignent ceux qu'une masse de vapeur à une température élevée ne peut manquer de déterminer : le chauffeur, les ouvriers ou les ingénieurs, toutes les personnes en un mot qu'atteignent les débris métalliques ou la vapeur brûlante sont horriblement blessés, broyés ou brûlés.

Quelles sont les causes de l'explosion? Nous venons de le dire. Un accroissement anormal de pression, lequel peut provenir lui-même des causes suivantes :

1° Abaissement du niveau de l'eau, qui a pour conséquence une élévation de température des surfaces métalliques soumises à l'action des gaz incandescents du foyer, sans être refroidie intérieurement par l'eau de la chaudière. Ces surfaces arrivent à la température du rouge; leur résistance décroît, elles se déforment et se déchirent. Le danger est plus grand encore, si alors l'alimentation de la chaudière amène brusquement à leur contact l'eau qui se transforme en vapeur dans des conditions anormales. La surproduction de vapeur qui en résulte suffit pour déterminer l'explosion.

2° Le même accident peut provenir de la présence des incrustations laissées par les eaux contre les parois. La croûte saline empêche le contact de l'eau et du métal, qui rougit, et si cette croûte vient à se détacher brusquement, l'arrivée de l'eau sur les surfaces rougies détermine une subite et considérable production de vapeur dont l'explosion de la chaudière peut être la conséquence.

3° L'eau privée d'air et en repos peut être chauffée sans bouillir à une température dépassant de beaucoup 100 degrés ; mais le moindre choc ramène l'ébullition subite et une surproduction de vapeur dangereuse, ainsi que nous l'avons vu en rapportant l'expérience de Donny.

Voilà des causes d'accident indépendantes du bon état de la machine ou du moins de la solidité de sa construction, indépendantes aussi des bons soins et de la surveillance du chauffeur, la première exceptée qui est, à la vérité, l'une des plus fréquentes. Les remèdes préventifs sont, pour celle-ci, une surveillance attentive du niveau de l'eau, et, s'il est abaissé, le soin de n'alimenter qu'avec précaution et après ralentissement du feu. Le choix d'une eau non incrustante ou, en cas contraire, le nettoyage fréquent des parois intérieures, voilà ce qu'il faut recommander aux chauffeurs ou aux chefs des usines.

4° La vapeur peut atteindre une pression qui dépasse les limites de la résistance, si les soupapes de sûreté sont insuffisantes, fonctionnent mal, où, ce qui est pis encore bien que malheureusement trop fréquent, si elles sont arrêtées et ne fonctionnent pas du tout. La surveillance de ces appareils doit donc être incessante. « Un mécanicien qui assujettit ses soupapes, dit avec une énergique conviction un célèbre ingénieur anglais contemporain, M. Fairbairn, est comparable à l'insensé qui se précipite dans un magasin à poudre une torche à la main. » L'ignorance seule explique une pratique aussi déplorable, et c'est du devoir strict des chefs d'usines et des ingénieurs de la faire cesser, en n'employant que des chauffeurs capables, ou en instruisant ceux qui ne savent point.

5° Enfin, une dernière cause d'explosion est la construction vicieuse d'une chaudière, ou, ce qui revient au même, le mauvais état provenant de la vieillesse ou de l'usure de ses diverses parties.

Nous avons vu, en décrivant les divers types de chaudières, quels sont ceux qui offrent le moins le danger d'explosion, mais le choix des types n'étant pas subordonné à cette seule condition, les accidents sont pour ainsi dire inévitables. C'est dans les usines où les machines fixes sont employées et sur les bateaux à vapeur où les machines sont exposées à plus de causes de destruction, que les explosions sont les plus fréquentes et les plus redoutables : elles sont beaucoup plus rares dans les locomotives, ce qui tient sans doute à une surveillance plus active. Elles sont d'ailleurs ici moins dangereuses, parce qu'elles se bornent souvent à la rupture d'un tube, accident auquel le mécanicien remédie immédiatement en fermant le tube à l'aide de tampons.

Quelque graves d'ailleurs que soient les accidents terribles dont nous avons très-sommairement énuméré les causes, l'industrie où la vapeur est employée n'est pas sensiblement plus éprouvée que celle où l'on emploie d'autres moteurs. C'est à l'instruction plus répandue, c'est à une surveillance plus active, c'est à la publicité donnée aux accidents, c'est enfin à la responsabilité effective des chefs d'usines qu'on devra de diminuer le nombre relatif des sinistres de ce genre, sinon de les supprimer tout à fait.

Malgré cette ombre jetée sur le tableau des bienfaits que la civilisation a reçus de l'invention de la vapeur, il est de toute évidence que la somme du bien produit l'emporte immensément sur celle du mal, inévitable mais purement accidentel.

Nous pouvons donc, en toute sûreté de conscience, applaudir aux progrès matériels que l'application de la vapeur a réalisés; c'est une conquête de la science qui a déjà rendu à la science, sous bien des formes, les services qu'elle en a reçus. Elle n'est pas, sans doute, par elle-même, un moyen de progrès intellectuel ou moral, malgré tout ce qu'on a dit du bienfait du rapprochement des distances entre les hommes des divers pays; elle n'a point empêché la guerre entre des peuples qu'on aurait pu croire unis par la paix, par les relations industrielles et commerciales, par l'instruction, sinon par un sentiment de fraternité malheureusement trop utopique, et elle a pu être un instant l'auxiliaire des forces destructives. Mais, en définitive, comme toutes les inventions qui sont le fruit de la science moderne, la vapeur est un admirable outil entre les mains de l'homme, bien merveilleusement propre à l'aider dans l'œuvre de civilisation qu'il poursuit, s'il est guidé dans cette poursuite par les idées de paix, de bien-être général, de moralité et de justice.

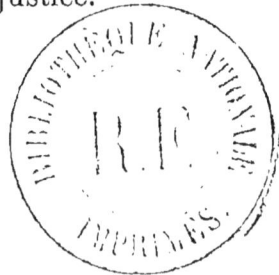

TABLE DES GRAVURES.

1. Les moteurs animés. Le manége 6
2. Les moteurs animés. La diligence. 7
3. Les moteurs animés. Chevaux de halage. 9
4. La force du vent. Le navire à voiles. 10
5. Force du vent. La brouette chinoise. 11
6. La force du vent. Le moulin 12
7. Denis Papin 18
8. Première machine à vapeur de Papin 19
9. La force de la vapeur. Touage et remorquage sur les ri-
    vières . . 3 26
10. Première phase de l'ébullition. L'eau chaude. 31
11. Ébullition de l'eau dans le vide. 35
12. Ébullition de l'eau par le refroidissement 36
13. La marmite de Papin, ou *Nouveau digesteur* 39
14. Phase de l'ébullition complète. Les bulles crèvent à la
    surface. 42
15. Expérience de Donny sur l'ébullition de l'eau purgée d'air. 48
16. Loi de formation et de tension des vapeurs dans le vide. 52
17. Faisceau barométrique. Inégalité des tensions maxima
    des vapeurs de différents liquides à la même tempé-
    rature. 56
18. Éolipyle d'Héron 76
19. Appareil de Salomon de Caus. 78
20. Organes essentiels de la machine à vapeur moderne . . 80
21. Chaudière à deux bouilleurs d'une machine à vapeur. Vue
    extérieure 88
22. Chaudière à deux bouilleurs, coupe transversale . . . 89
23. Chaudière à deux bouilleurs, coupe longitudinale. . . 91
24. Cheminée de machine à vapeur; vue extérieure et coupe. 95
25. Indicateur du niveau d'eau, à tube de cristal. . . . 102
26. Flotteur d'alarme 103
27. Flotteur d'alarme de Bourdon. 104
28. Flotteur indicateur à cadran 105
29. Flotteur magnétique de Lethuillier-Pinel 106
30. Soupape de sûreté de Papin 107
31. Manomètre à air libre 108
32. Manomètre à air libre, à branches multiples 110
33. Manomètre à air comprimé. 111
34. Manomètre à air comprimé à tube conique. 111
35. Manomètre métallique 112

36. Chaudière en tombeau de Watt   116
37. Chaudière Farcot, à bouilleurs latéraux   117
38. Chaudière tubulaire marine à retour de flamme. Coupe
      transversale   121
39. Chaudière tubulaire marine à retour de flamme. Coupe
      longitudinale.   122
40. Chaudière à circulation de M. Belleville   123
41. Piston à ressort.   129
42. Piston suédois   129
43. Coupe longitudinale d'un cylindre.   130
44. Phases diverses du mouvement de va-et-vient du piston
      et du tiroir.   132
45. Soupapes de distribution de Watt.   133
46. Distribution de la vapeur. Tiroir à piston   134
47. Distribution de la vapeur. Tiroir en D   135
48. Système de détente de Clapeyron. Tiroir à recouvrement.   139
49. Système de détente de Meyer   139
50. Système de distribution et de détente de Woolff. Vue ex-
      térieure des deux cylindres.   140
51. Coupe des deux cylindres, dans le système de détente de
      Woolff.   141
52. Principe de la transmission dans les machines à balan-
      cier   145
53. Parallélogramme articulé de Watt   146
54. Courbes décrites par les points d'articulation des tiges
      du piston et la pompe d'épuisement.   148
55. Régulateur de Watt, à force centrifuge   150
56. Régulateur Farcot à tiges croisées   151
57. Régulateur Flaud   122
58. Excentrique déterminant le mouvement du tiroir   153
59. Machine à balancier de Watt   155
60. Machine à vapeur verticale.   158
61. Machine à vapeur à cylindre horizontal et à transmission
      directe.   159
62. Machine à vapeur verticale.   161
63. Cylindre, manchon et bielle de la machine à fourreau de
      Penn.   162
64. Machine à vapeur à cylindre oscillant   163
65. Machine à vapeur rotative de Behrens.   167
66. Phases diverses d'un mouvement complet de rotation. .   170
67. Machine à vapeur de Savery (1696)   183
68. Machine à vapeur atmosphérique de Newcomen (1705). .   186
69. James Watt, d'après le médaillon de David (d'Angers). .   192
70. Fulton   198
71. Premières hélices de Smith. Hélice simple d'un pas en-
      tier ; hélice double d'un demi-pas.   208
72. Hélice à deux et à quatre ailes   208
73. Cadre de l'hélice à l'arrière du navire   209
74. Chaudière tubulaire à retour de flammes de l'Isly. Coupe.   211
75. Chaudière marine tubulaire à retour de flammes. Coupe.   212
76. Chaudière d'une machine marine. Vue d'ensemble . . .   213

77. Machine marine à balancier. Coupe. 215
78. Machine à balancier du navire à aubes *le Sphinx* . . . 219
79. Machines à deux cylindres de M. Dupuy de Lôme. Coupe. 221
80. Machine marine à deux cylindres de détente et à un cylindre de pleine pression 224
81. Disposition et aménagement de la machine sur un navire à vapeur à hélice. 225
82. Un steamer transatlantique. 228
83. Voiture à vapeur de Cugnot (1769) 230
84. Locomotive de G. Stephenson à chaîne sans fin (1814). . 232
85. *La Fusée* de Robert Stephenson 233
86. Marc Seguin l'aîné. 234
87. Georges Stephenson 235
88. Coupe longitudinale d'une locomotive 238
89. Locomotive. Coupe transversale, dans la boîte à feu. . . 239
90. Locomotive. Coupe transversale, dans la boîte à fumée . 241
91. Locomotive à grande vitesse : type Crampton 247
92. Locomotives à marchandises; petite vitesse : type Engerth 250
93. Machine à marchandises de la ligne du Nord, à douze roues couplées et à quatre cylindres. 252
94. Machine tender du Nord pour fortes rampes 252
95. Machine locomotive américaine. 253
96. Un train de chemin de fer. 254
97. Voiture à vapeur, système Lotz. 257
98. Locomotive routière de M. Larmanjat 259
99. Locomotive routière, système Thomson 261
100. Labourage à vapeur 269
101. Locomobile Calla. 270
102. Machine d'épuisement d'un puits de mine. 273
103. Nouvelle pompe à feu de Chaillot 277
104. Drague à vapeur employée au percement de l'isthme de Suez 281
105. Grue à vapeur 285
106. Montes charges à vapeur pour les constructions 287
107. Bac à vapeur de la Clyde 288
108. Pompe à incendie à vapeur, système Merryweather. . . 289
109. Coupe du cylindre d'un marteau-pilon 290
110. Vue d'ensemble d'un marteau-pilon. 291
111. Marteau-pilon de la forge des grosses œuvres, au Creuzot 295
112. Presse mécanique à vapeur 301
113. Presse mécanique mue par la vapeur. 303

TABLE DES MATIÈRES.

PREMIÈRE PARTIE.

LA VAPEUR.

INTRODUCTION. 1

I.
Qu'est-ce que la vapeur ?

Idées des physiciens et des chimistes sur la vapeur, il y a
cent ans. — Définition de la vapeur, dans l'*Encyclopédie*.
— Hypothèse de Bossut 27

II.
Comment se forme la vapeur.

L'eau se réduit spontanément en vapeur à toute température,
— Évaporation à la surface. — Ébullition de l'eau ou vaporisation interne; l'eau chante. — Constance de la température pendant l'ébullition. 30

INFLUENCE DE LA PRESSION EXTÉRIEURE SUR L'ÉBULLITION. —
Ébullition dans le vide. — Faire bouillir de l'eau en la refroidissant. — Température de l'ébullition sur les montagnes; impossibilité de faire du thé sur les Alpes. — Ébullition au-dessus de 100°; le digesteur de Papin. 34

III.
Force élastique de la vapeur.

Étude plus intime du phénomène de l'ébullition. — La tension de la vapeur, pendant l'ébullition, est égale à la pression atmosphérique. — Influence de la pureté de l'eau sur
la température de l'ébullition; Influence de la nature du
vase : ébullition dans les vases en verre, dans les vases métalliques; expériences de Deluc, de Donny. — Ébullition de
l'eau purgée d'air. 41

FORCE ÉLASTIQUE OU TENSION DE LA VAPEUR. — SA MESURE.
— Lois de formation et tension des vapeurs dans le vide. —
Tension maximum et saturation. — Variations de la ten-
sion maximum avec la température; énoncé des lois de

Dalton. — Échelle des tensions depuis 20° au-dessous de 6°, jusqu'à 230° au-dessus. — Tensions de diverses vapeurs.   51

IV.

La vapeur d'eau dans l'atmosphère.

Formation de la vapeur dans l'air : ses lois sont les mêmes que dans le vide; mais le passage de l'eau à l'état gazéiforme est beaucoup plus lent.   61

LA VAPEUR D'EAU A LA SURFACE DU SOL. — L'eau à la surface de la terre : les mers, les lacs, les cours d'eau. — Évaporation continue; nuages; brumes et brouillards. — Il ne faut pas confondre la vapeur d'eau et les nuages; la véritable vapeur est invisible et parfaitement transparente. — L'air humide renferme le plus souvent très-peu de vapeur.   63

LA VAPEUR D'EAU RÉGULATEUR DE LA TEMPÉRATURE. — Quantité moyenne de vapeur d'eau contenue dans l'air. — Cette quantité très-faible a une influence considérable sur les phénomènes météorologiques; pluies tropicales. — La vapeur d'eau de l'atmosphère est un écran qui joue le rôle de régulateur de la température   69

DEUXIÈME PARTIE.

LA MACHINE A VAPEUR.

I.

La vapeur, force motrice.

Connaissance des anciens sur la force expansive de la vapeur; éolipyle de Héron d'Alexandrie. — Appareil de Salomon de Caus, pour l'élévation de l'eau. — Principe et dispositions fondamentales de la machine à vapeur moderne.   75

II.

La chaudière ou le générateur de vapeur.

Métamorphose des rayons solaires: la force vive, emmagasinée dans les végétaux de l'époque houillère, se dégage aujourd'hui d'un bloc de charbon en combustion; elle est l'âme de la machine à vapeur. — Description d'une chaudière à bouilleurs. — Chaudière et bouilleurs. — Le foyer, les carneaux, la cheminée. — Épaisseur des parois du corps cylindrique.   85

LES APPAREILS DE SÛRETÉ. — Indicateurs du niveau d'eau; tube de cristal; flotteurs d'alarme et flotteurs magnétiques; indicateur à cadran. — Les soupapes de sûreté.   101

LES MANOMÈTRES. — Manomètre à air libre, à branches multiples ; à air comprimé. — Manomètres métalliques. — Qualités d'un bon mécanicien et d'un chauffeur de machine : économie et sécurité qui en sont la conséquence. . 108

PRINCIPAUX TYPES DE CHAUDIÈRES A VAPEUR. — Des divers systèmes de chaudières adoptés. — Chaudières à foyer extérieur, à foyer intérieur; chaudières mixtes. — Chaudière en tombeau de Watt. — Système Farcot, à bouilleurs latéraux. — Invention des chaudières tubulaires, locomotives, marines. — Chaudières à circulation. — Avantages des divers systèmes. 115

III.
Le mécanisme moteur.

Distribution de la vapeur; son mode d'action sur le piston. Condensation dans les machines à basse pression; condensation à air libre dans les machines à haute pression, sans condenseur. 125

DÉTENTE DE LA VAPEUR. — Des deux modes d'action de la vapeur : travail de la vapeur à pleine pression : travail de la vapeur avec détente. — Divers système de détente : sytème Clapeyron; système Meyer; système de Woolff. 136

IV.
Le mécanisme de transmission.

Transformation du mouvement rectiligne de la tige du piston en mouvement circulaire alternatif, puis continu; bielle et manivelle. — Machine à balancier. — Parallélogramme articulé de Watt 143

LES RÉGULATEURS. — Le volant; du véritable rôle qu'il joue comme régulateur. — Le pendule conique de Watt, ou régulateur à force centrifuge. — Régulateur Farcot et Flaud. — Comment l'excentrique communique le mouvement au tiroir. — Les pompes d'alimentation et d'épuisement . . . 147

MACHINES A VAPEUR A TRANSMISSION DIRECTE. — Machine à cylindre vertical, à haute pression, avec détente et sans condensation. — Machine à vapeur à cylindre horizontal. — Machines à fourreau, principalement utilisées dans la marine à vapeur. — Machine oscillante de Cavé 157

RÉSUMÉ. — En quoi consiste la machine à vapeur : révision de ses principaux organes. — Machines à basse pression, à moyenne et à haute pression. — Ce que c'est qu'un cheval-vapeur; comparaison du travail journalier d'un cheval-vapeur, et d'un cheval vivant de moyenne force. — Puissance de la chaudière; rapport de cette puissance avec la surface de chauffe, et la consommation de houille 171

V.

Aperçu historique sur la machine à vapeur.

MACHINES A VAPEUR DE SAVERY. — Machine de Savery, pour
l'élévation des eaux. — Description de la machine à vapeur
atmosphérique de Newcomen. — Condensation par injection d'eau froide. — Le jeune Henri Potter. — Emploi des
machines atmosphériques pour l'épuisement des mines . . 182
WATT ET LA MACHINE A VAPEUR. — Invention de la machine
à double effet. — Transformation de la machine à épuisement en moteur universel. — Le condenseur. — Le régulateur à force centrifuge. — Immense économie de combustible, résultant de l'invention du condenseur. — Emploi
de la détente 190

TROISIÈME PARTIE.

LES APPLICATIONS DE LA MACHINE A VAPEUR.

I.

La navigation à vapeur.

Aperçu historique sur l'invention de la navigation à vapeur.
— Premiers essais, depuis Papin jusqu'à Fulton. — Premier service régulier de navigation à vapeur, entre Albany
et New-York; le bateau *le Clermont* 195
LES BATEAUX ET NAVIRES A VAPEUR A AUBES. — Les roues à
palettes chez les anciens. — Roues à aubes mues par la
force musculaire des animaux. — Roues à palettes des bateaux à vapeur. — Disposition du mécanisme. — Avantages
et inconvénients des propulseurs à aubes 200
LES BATEAUX ET NAVIRES A VAPEUR A HÉLICE. — Ce que c'est
que l'hélice. — Avantages de l'hélice sur les roues à aubes,
principalement dans les navires de guerre. — Aperçu historique sur l'invention de l'hélice. — Smith et Ericson. —
Influence de l'invention de l'hélice sur la transformation de
la marine militaire à voiles en marine à vapeur 204
CHAUDIÈRES ET MACHINES MARINES. — Des types de machines
employés dans la navigation à vapeur. — Force nominale.
— Emploi des chaudières tubulaires. — Machines horizontales à deux et à trois cylindres. — Disposition des machines et des chaudières sur les navires à aubes ou à hélice. 210

II.

La vapeur sur les chemins de fer.

Premières voitures à vapeur : la voiture de Cugnot. — Olivier Evans, Trewitick et Vivian. — Essais de locomotives à

vapeur sur les chemins de fer. — Invention de la chaudière tubulaire; Marc Séguin et Stephenson. — La *Fusée*. . . .   229

LA LOCOMOTIVE. — Description de la locomotive. — Le générateur; chaudière tubulaire. — Étendue considérable de la surface de chauffe. — Mécanisme moteur   237

PRINCIPAUX TYPES DE LOCOMOTIVES. — Classification selon le service. — Machines à grande vitesse, à voyageurs : type Crampton. — Machines à petite vitesse, à marchandises : type Engerth. — Locomotives mixtes. — Machines pour fortes rampes.   245

III.
Les voitures à vapeur ou locomotives routières.

Difficultés de la locomotion à vapeur sur les routes ordinaires. — Premiers essais de voitures à vapeur. — Systèmes Lotz, Larmanjat et Thomson. — Résultat des plus récentes expériences.   255

IV.
La vapeur dans l'agriculture et les constructions industrielles.

LA LOCOMOBILE. — Caractères distinctifs des machines fixes, des machines marines, des locomotives et des locomobiles. — Introduction et usages de la locomobile. — Le labourage à vapeur. — Description d'une locomobile.   266

V.
La vapeur dans l'industrie manufacturière.

Applications diverses de la vapeur. — Épuisement des mines. — Pompes pour l'alimentation des réservoirs et la distribution de l'eau dans les villes : nouvelles pompes à feu de Chaillot. — Travaux de desséchement des marais et des lacs; la mer de Harlem. — Dragage à vapeur au canal de Suez. — Grues, monte-charges et sonnettes à vapeur. — Le bac de la Clyde. — Pompes à incendie à vapeur. . . .   272

LA VAPEUR DANS LA GRANDE INDUSTRIE. — Fabrication du fer; forge des grosses pièces. — Le marteau-pilon. — Les machines outils. — La vapeur dans les filatures et dans l'industrie du tissage. — Immense développement de ces industries, depuis l'introduction de la machine à vapeur . .   284

LA VAPEUR DANS L'IMPRIMERIE TYPOGRAPHIQUE ET LITHOGRAPHIQUE. — Premières presses typographiques à vapeur. — Presses d'Applegath. — Rapidité du tirage obtenu à l'aide des presses mécaniques mues par la vapeur.   300

EXPLOSIONS DES MACHINES A VAPEUR   308

167779. — Typographie Lahure, rue de Fleurus, 9, à Paris.

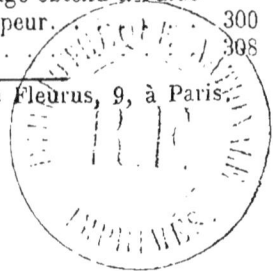

www.ingramcontent.com/pod-product-compliance
Lightning Source LLC
Chambersburg PA
CBHW060410200326
41518CB00009B/1307